W0308381

Primo

Mathematik

1B

1. Schuljahr Teil B

Herausgegeben von:
Prof. Dr. Marianne Grassmann

Erarbeitet von:
Marianne Grassmann, Sigrid Kirchmann,
Martina Klunter, Birgitt May-Hansen,
Susanne Ponge, Uta Porsch,
Monika Raudies, Brigitte Romeiser,
Gisela Talkenberg, Oliver Thiel,
Ute Veith

unter Beratung von:
Angelika Baur, Kerstin Braun,
Beate Bruns, Magdalene Grüner-Troch,
Karlheinz Oeldorf, Renate Rasch,
Katja Tomas

Schroedel

Inhaltsverzeichnis

Die Zahlen bis 20

1 Wie viele sind es?

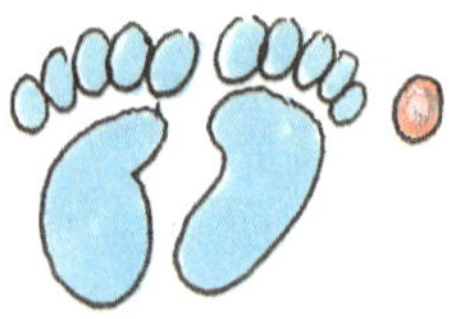

1 0

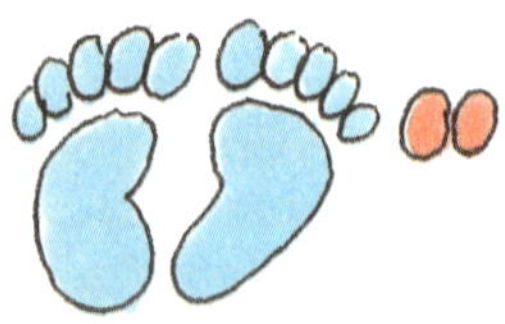

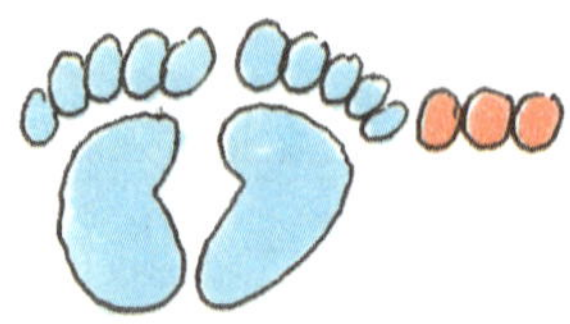

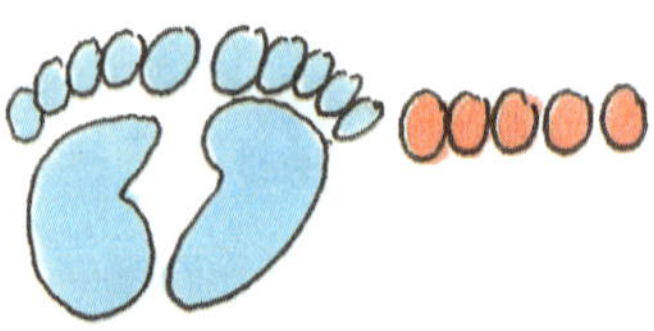

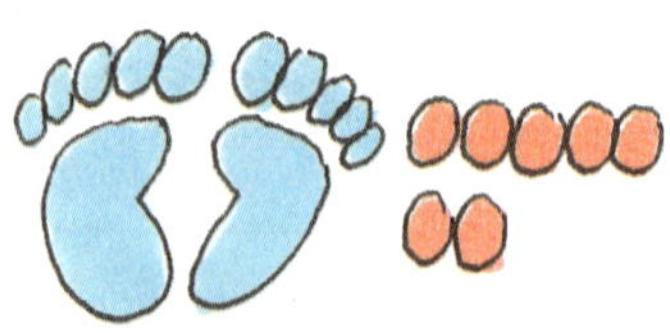

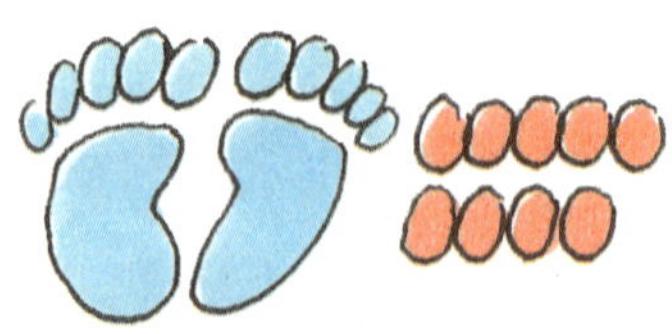

2

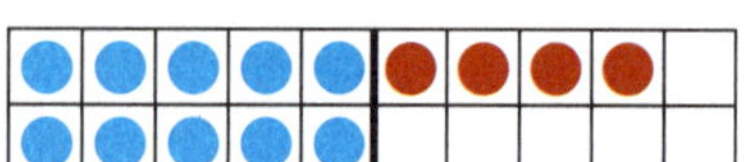

12 13 14 15

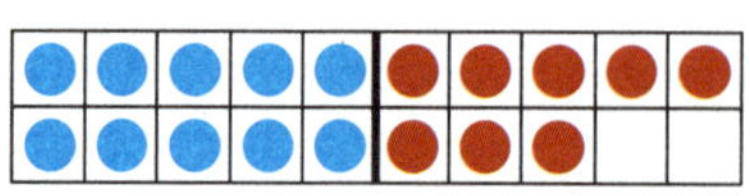

16 17 18 19

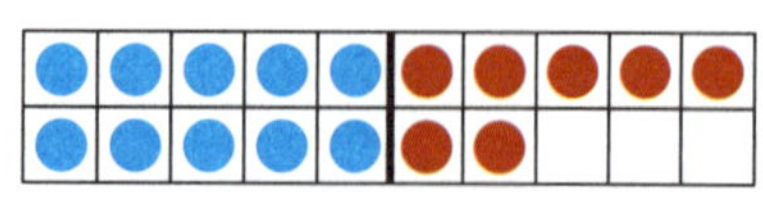

16 17 18 19

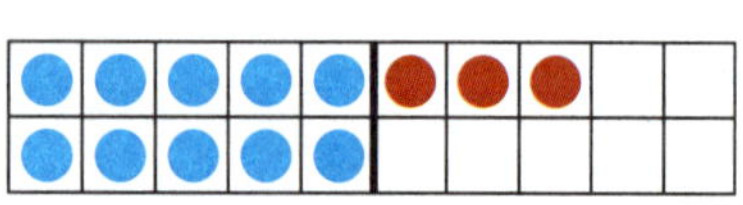

11 12 13 14 15

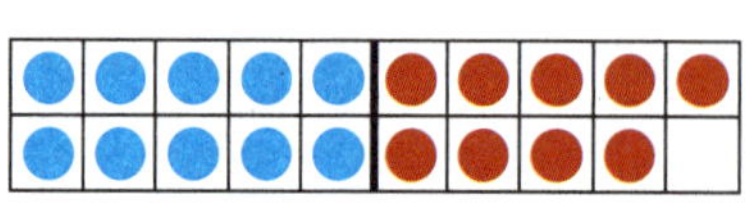

17 18 19 20 21

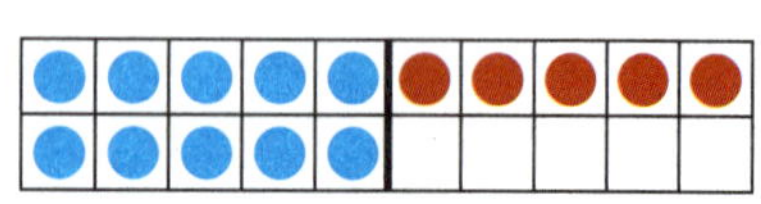

13 14 15 16 17

② Am Zwanzigerfeld dargestellte Zahl einkreisen.

1 a) Schreibe wie Einstein.

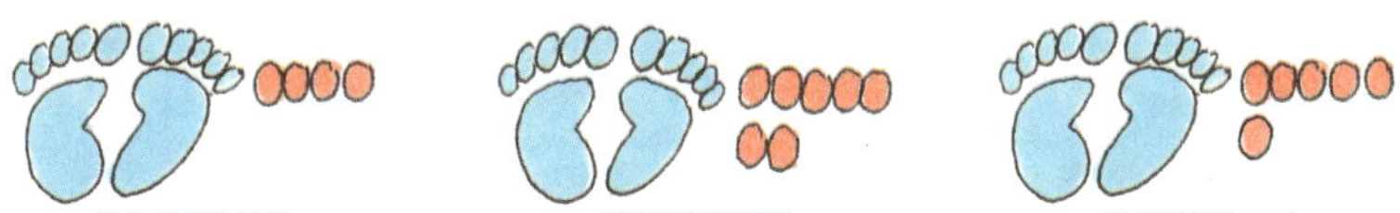

Z	E

Z	E

Z	E

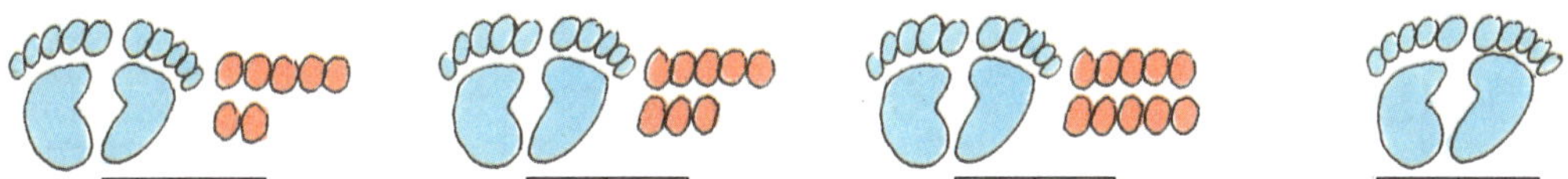

Z	E
1	7

Z	E

Z	E

Z	E

b) Male.

Z	E
1	2

Z	E
1	9

Z	E
1	5

Z	E
1	1

2

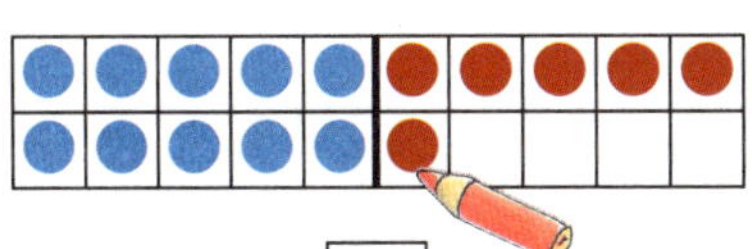

16

11

19

15

12

20

① Zahlen schreiben und Fuß- und Fingerabdrücke in entsprechender Anzahl malen. ② Zwanzigerfelder entsprechend anmalen.

Die Zahlen bis 20

1 a)

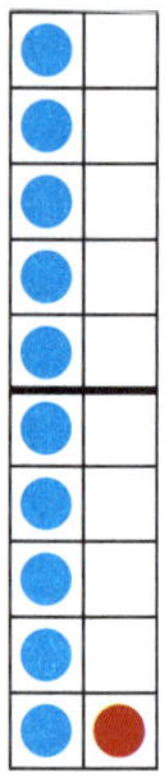

Z	E

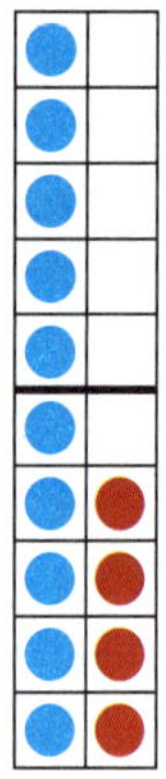

Z	E

b)

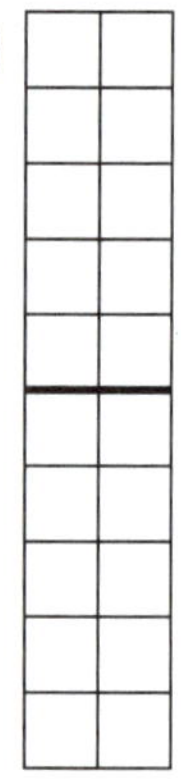

Z	E
1	7

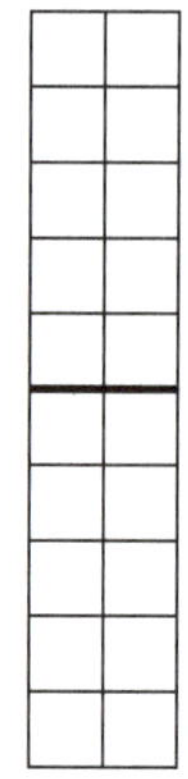

Z	E
2	0

2

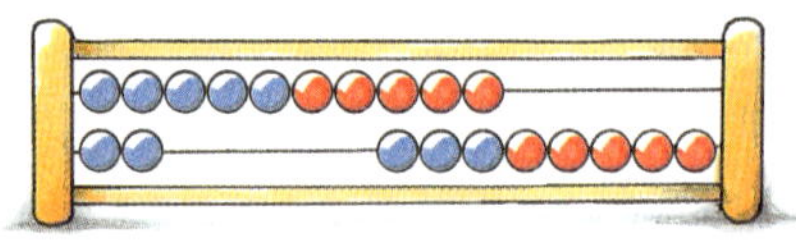

Z	E

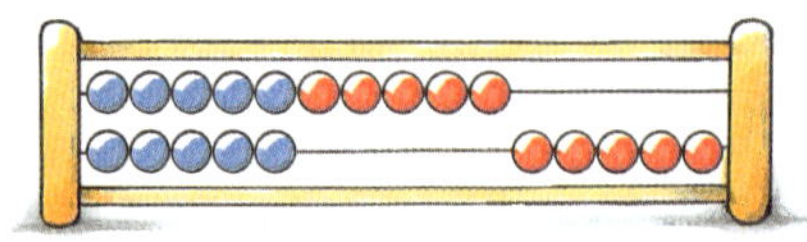

Z	E

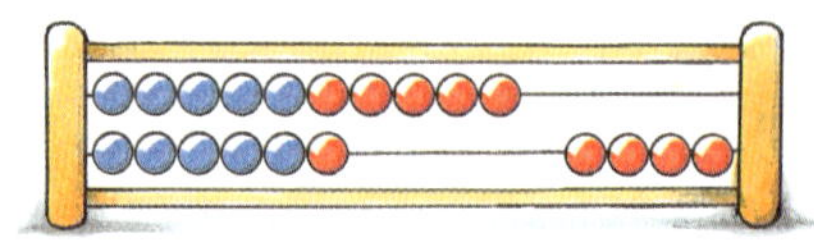

Z	E

3

a) 10 + 2 = __
10 + 4 = __
10 + 1 = __

b) 10 + 3 = __
10 + 5 = __
10 + 9 = __

c) 10 + 6 = __
10 + 8 = __
10 + 0 = __

d) 10 + 7 = __
10 + 10 = __
10 + 9 = __

4

11 = 10 + __ | 12 = 10 + __ | 17 = 10 + __ | 18 = 10 + __
13 = 10 + __ | 14 = 10 + __ | 15 = 10 + __ | 20 = 10 + __

5

10 + __ = 14 | 10 + __ = 10 | 10 + __ = 12 | 10 + __ = 11
10 + __ = 13 | 10 + __ = 17 | 10 + __ = 19 | 10 + __ = 18

6

__ + 5 = 15 | __ + 10 = 16 | __ + 10 = 17 | __ + 3 = 13
__ + 0 = 10 | __ + 10 = 11 | __ + 10 = 19 | __ + __ = 10

Verschiedene Aktivitäten zum Hören von Zahlen: Klatschen, Klopfen, …
③ Im Heft Aufgaben zur Systematisierung bearbeiten lassen 10 + 0 = 10, 10 + 1 = 11, 10 + 2 = 12 usw.

Finden und Zählen

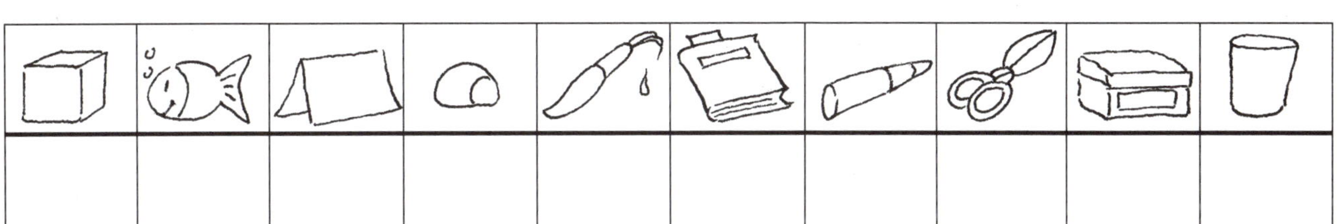

Der Zahlenstrahl

1 Verbinde Zahlenweg und Zahlenstrahl:

2 Welche Zahlen liegen

a) zwischen 3 und 7? ________________

b) zwischen 10 und 15? ________________

c) zwischen 13 und 19? ________________

3 Immer 2 weiter.
Zeige am Zahlenstrahl.

a) 10, 12, ________________

b) 11, 13, ________________

4 Immer 3 weiter.

a) 7, 10, ________________

b) 6, ________________

5 Immer 2 zurück.

a) 10, 8, ________________

b) 11, ________________

Wie weit sind Einstein und Pia; Einstein und Karl bzw. Pia und Karl voneinander entfernt?
Weitere Orientierungsübungen am Zahlenstrahl.

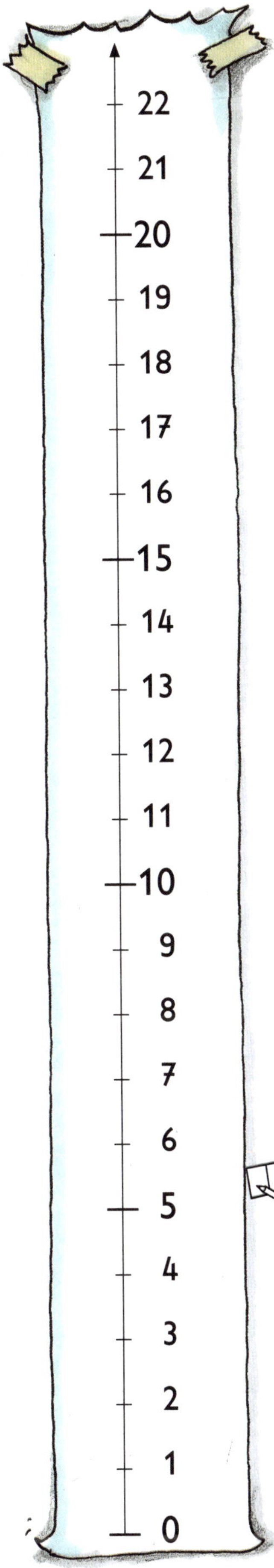

1 Zeige am Zahlenstrahl.
Von 8 drei weiter ↷↷↷

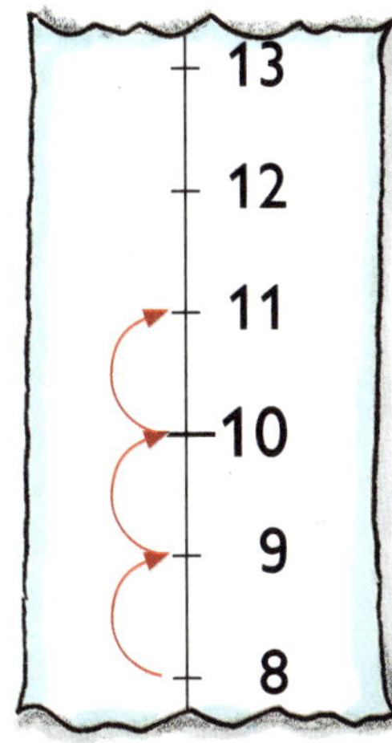

Schreibe: 8 + 3 = ___
8 + 4 = ___
9 + 3 = ___
10 + 2 = ___
8 + 5 = ___

2 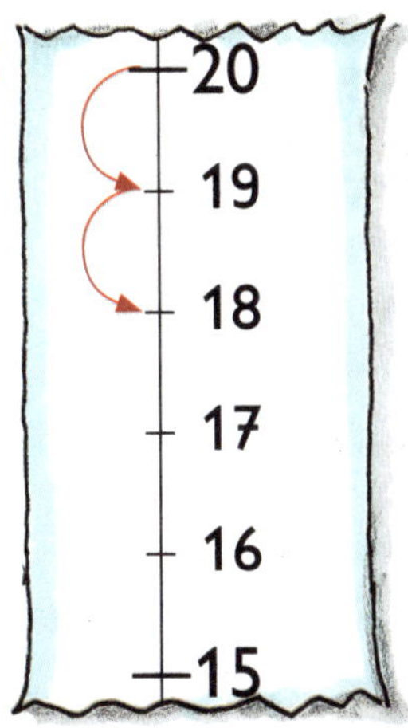

Zeige am Zahlenstrahl.
Von 20 zwei zurück ↶↶

Schreibe: 20 − 2 = ___
17 − 2 = ___
19 − 4 = ___
18 − 3 = ___
20 − 5 = ___

3 Wo kommst du an?

a) 4 ↷↷↷ 4 + 3 = ___
9 ↷↷↷↷ ___
12 ↷↷↷ ___
16 ↷↷↷↷ ___

b) 7 ↶↶ 7 − 2 = ___
14 ↶↶↶ ___
20 ↶↶↶ ___
14 ↶↶↶↶↶ ___

4 Denke dir eigene Aufgaben aus.

a) Starte bei 6.
b) Starte bei 15.

5 a) Ich bin 3 Schritte ↷↷↷ gegangen und bin jetzt auf der 12; wo bin ich gestartet? ___

b) Ich bin 5 Schritte ↶↶↶↶↶ gegangen und bin jetzt auf der 9; wo bin ich gestartet? ___

① bis ⑤ Zahlenstrahl weiter zur Orientierung nutzen.

Größer als, kleiner als oder gleich

1 Wo liegt mehr?

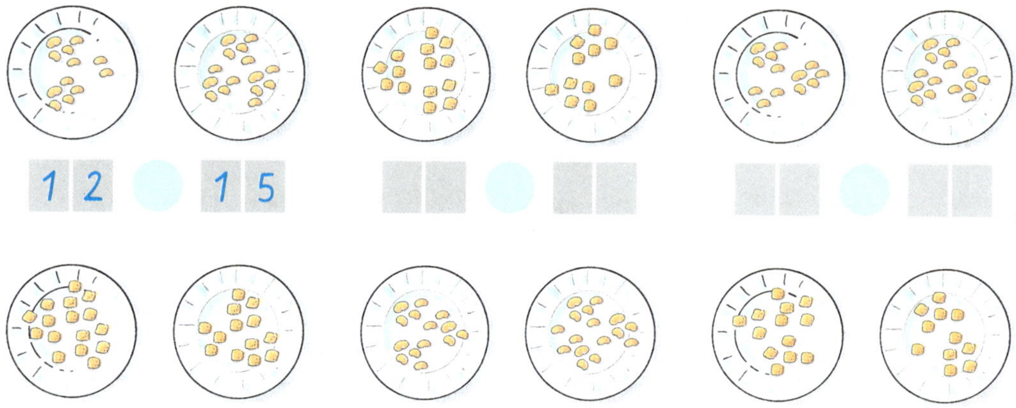

12 ◯ 15   __ ◯ __   __ ◯ __

__ ◯ __   __ ◯ __   __ ◯ __

2 <, > oder =?

a)		b)		c)	
13 ◯ 15		7 ◯ 12		9 ◯ 19	
11 ◯ 19		12 ◯ 9		20 ◯ 10	
14 ◯ 18		6 ◯ 6		14 ◯ 9	

3

a)	b)	c)
6 ◯ 16	20 ◯ 18	14 ◯ 0
0 ◯ 9	20 ◯ 16	12 ◯ 12

4 Welche Zahlen können eingesetzt werden?

a)	b)	c)	d)
__ < 15	9 < __	__ > 10	0 < __
__ < 15	9 < __	__ > 10	0 < __
__ < 15	9 < __	__ > 10	0 < __

5 a) 14 8 12 16 2 0 7

größte Zahl __

kleinste Zahl __

b) 19 20 17 9 1 5 4 3 18

größte Zahl __

kleinste Zahl __

④ Immer drei Zahlen einsetzen. Weitere Beispiele ins Heft schreiben.

Wahrnehmung

1

Übungen zu den Begriffen unter, über, vor, hinter, rechts von, links von, …

① Nach Diktat Kreuze, Kreise, … in die Felder einzeichnen.

Orientierung im Zwanzigerraum

1

2 a)

b)

c)

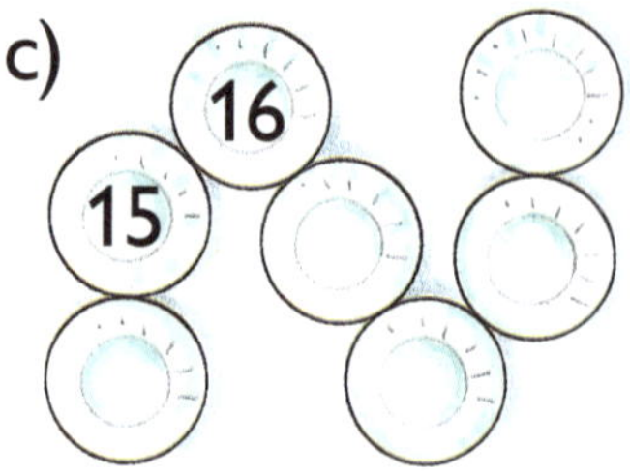

3

4 a)

Vorgänger	Zahl	Nachfolger
	12	
	14	
	11	
	18	
	13	
	15	
	19	

b)

Vorgänger	Zahl	Nachfolger
13		
		17
18		
		14
11		
19		
		12

5 a)

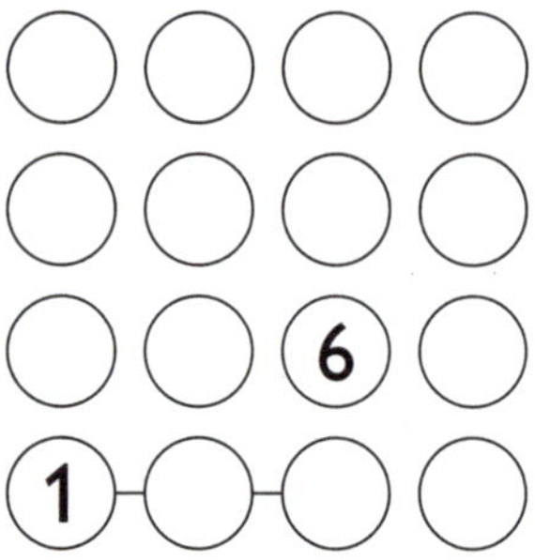

b)

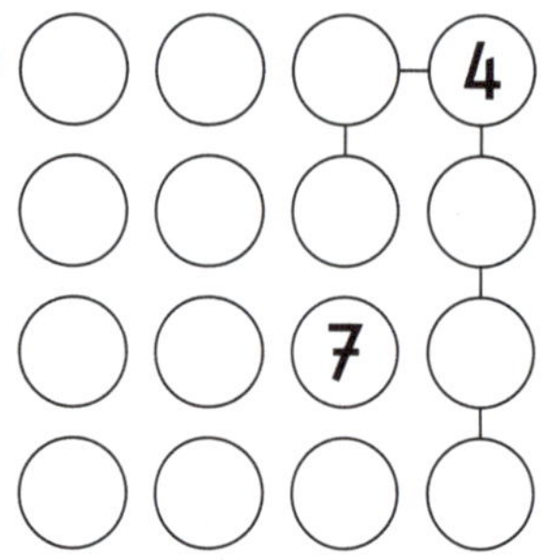

c)

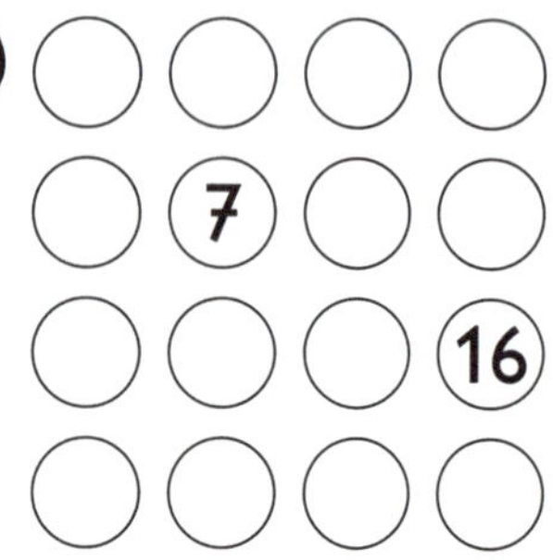

⑤ Zahlen in der richtigen Reihenfolge eintragen, Kästchen verbinden. Es gibt verschiedene Möglichkeiten.

1 Du stehst auf der 8 und gehst 4 Schritte weiter.
Wo kommst du an? Zeige und
schreibe auch weitere Aufgaben.

8 + ______________________

2

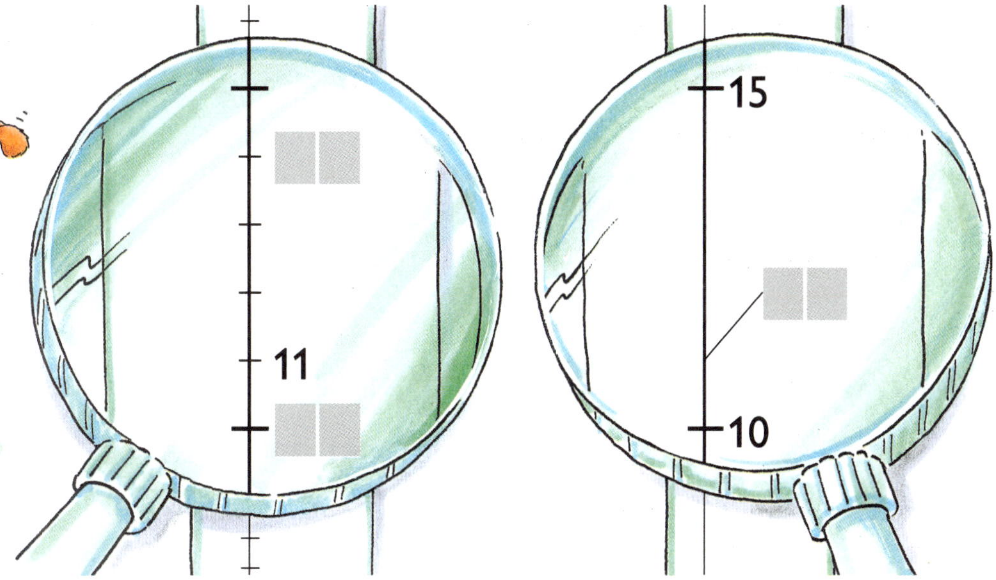

3 Welche Zahl kann das sein?

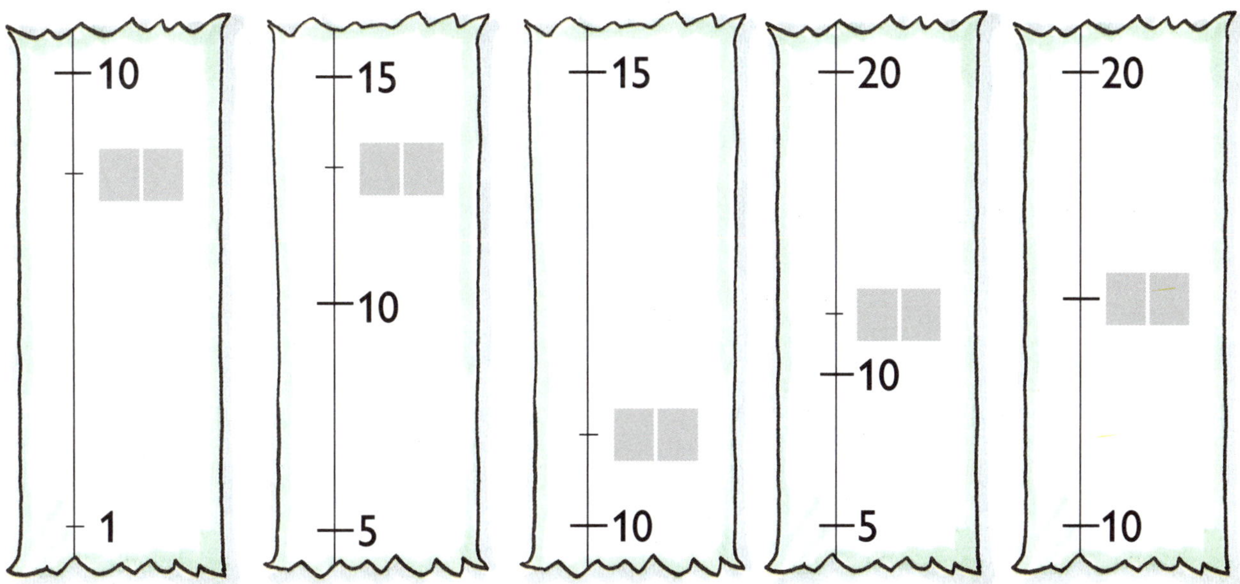

4 Zeichne Zahlenstriche. Dein Partner füllt aus.

① Aufgaben mit Hilfe des Zahlenstrahls in Partnerarbeit lösen. ② Übergang vom Zahlenstrahl zum Zahlenstrich im Gespräch klären. ③, ④ Übungen zur Orientierung auf dem Zahlenstrich.

Ordnungszahlen

1 Suche die Fahrer. 2.

2 a) An welcher Stelle ist der Fahrer mit der Brille?

b) An welcher Stelle ist die Fahrerin mit dem gelben Hemd?

c) An welcher Stelle ist die Fahrerin mit der roten Hose?

d) An welcher Stelle ist der Fahrer mit der Kappe?

3 Stellt euch gegenseitig weitere Fragen.

4 Färbe die Wimpel wie im Bild.

1. 3. 14. 4. 10. 5. 17. 9. 18.

5 a)

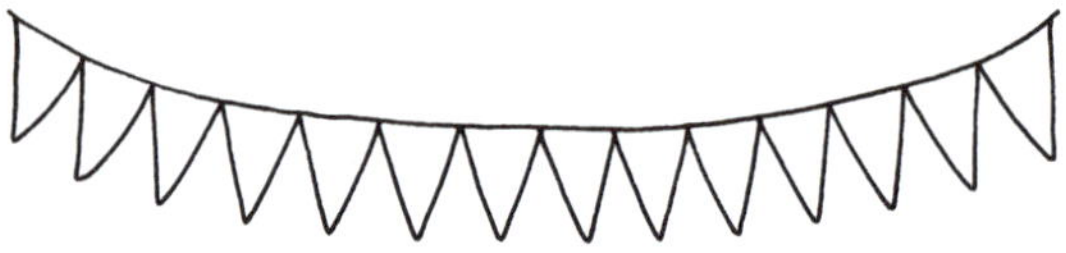

2. 5. 8. 11. 14.

1. 4. 7. 10. 13.

3. 6. 9. 12.

b)

1. 4. 7. 9. 10.

2. 3. 6. 8. 11.

5. 12. 13.

Würfeln

1 Karl hat gewürfelt und die Ergebnisse in eine Tabelle eingetragen.

⚀	⚁	⚂	⚃	⚄	⚅
II	𝍸	𝍸 II	IIII		II
2	5	7	4	0	2

Was fällt dir auf?

2 Pia sagt: „Eine 6 zu würfeln ist viel schwerer als eine 3." Hat sie Recht?

3 Würfele mit einem Würfel 20-mal!
Trage deine Ergebnisse in die Tabelle ein.

⚀	⚁	⚂	⚃	⚄	⚅

Vergleiche deine Ergebnisse mit den Ergebnissen von Karl.

4 Was sagst du dazu?

Knobelecke

Pia liest von der 5. bis zur 17. Seite. Wie viele Seiten hat sie gelesen?

③ Daten erfassen, Strichliste anfertigen, Zahlen zuordnen, Ergebnisse mit anderen Versuchen vergleichen.
④ Begriffe zuordnen: „unmöglich", „sicher", „möglich".

Figuren legen

1 Lege die Figuren mit deinen Formen aus.

2

3 Lege die Figuren mit deinen Formen nach.

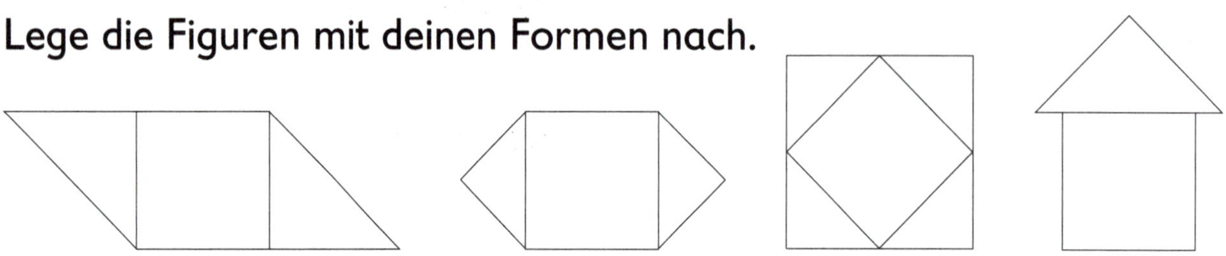

1 a) Lege mit deinem Nachbarn die Figuren aus.

b) Wie viele Teile braucht ihr?

☐ Teile

☐ Teile

☐ Teile

2 Lege die Fische mit den Formen nach und erfinde selbst Fische.

① Geometrische Formen in anderen Farben selbst herstellen.

Muster

1 a) Welches Muster gefällt dir am besten?

b) Wo findest du weitere Muster?

2 a)

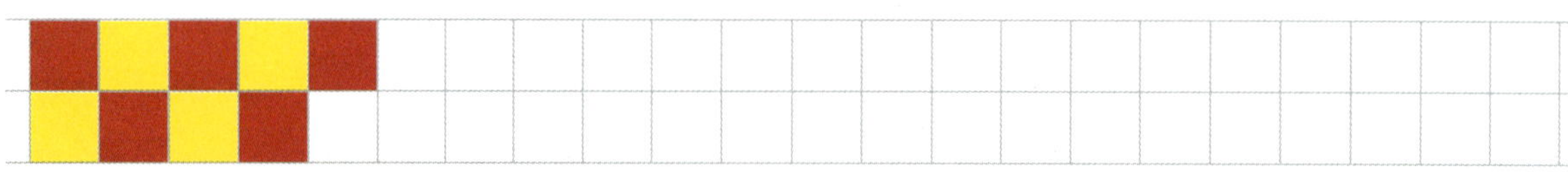

b)

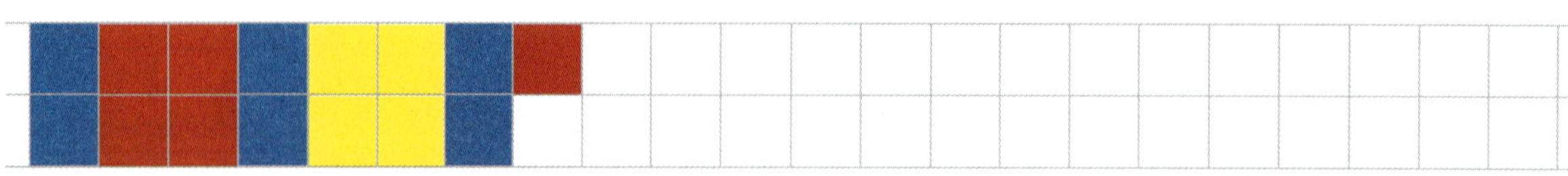

c)

3 Zeichne die Muster in dein Heft. Zeichne weiter.

a)

b)

4 Erfinde eigene Muster.

5 a)

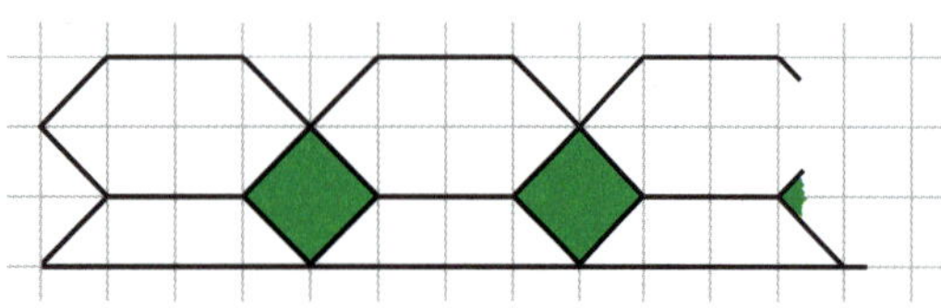

b)

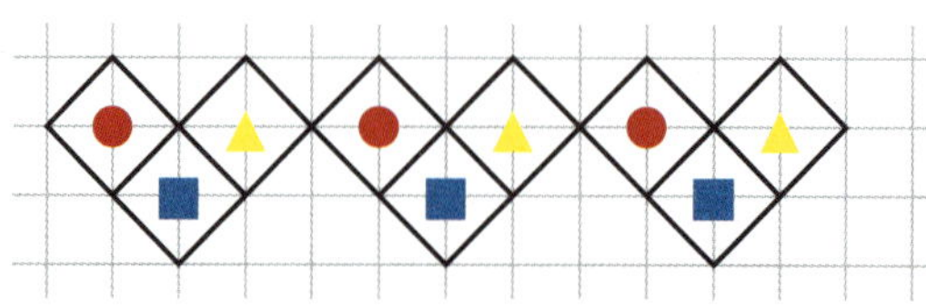

⑤ Muster ins Heft zeichnen und fortsetzen lassen.

Das wollen wir lernen

1 Welche Aufgaben kannst du lösen? Probiere.

Das finde ich leicht	Das finde ich schwer

2 Welche Aufgaben kannst du lösen? Probiere.

a)	b)	c)
4 + 3 =	13 + 2 =	9 + 2 =
9 − 5 =	12 − 2 =	12 − 7 =
7 + 0 =	15 + 1 =	15 + 6 =
6 + 1 =	18 − 4 =	8 + 4 =
8 + 2 =	16 + 4 =	7 + 7 =
5 − 4 =	20 − 5 =	11 − 6 =
10 − 6 =	14 + 5 =	9 + 7 =
☺ ☐ 😐 ☐ ☹ ☐	☺ ☐ 😐 ☐ ☹ ☐	☺ ☐ 😐 ☐ ☹ ☐

① Kinder schätzen sich selbst ein. ② Die Aufgaben bei a) sollten alle Kinder lösen. Einige Kinder können die Aufgaben bei b) und c) schon lösen. Die Kinder schätzen ihre Leistung selbst ein. ☺ Das kann ich gut. ☹ Das kann ich noch nicht. 😐 Ich bin unsicher.

Plus-Aufgaben bis 20

1

4 + 2 = ☐☐

14 + 2 = ☐☐

6 + 3 = ☐☐

16 + 3 = ☐☐

2 Lege am Zwanzigerfeld.

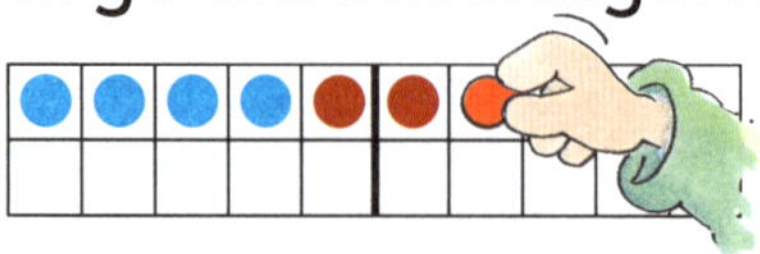

4 + 3 = ☐☐ 6 + 1 = ☐☐ 3 + 5 = ☐☐

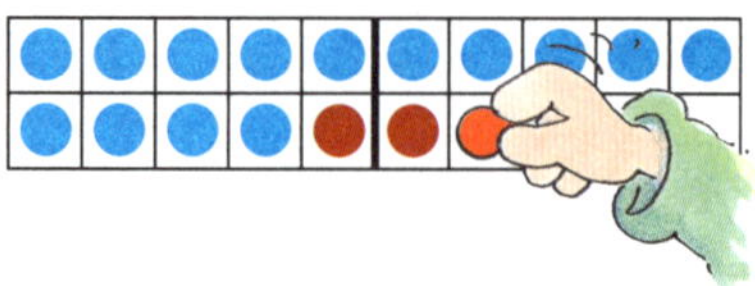

14 + 3 = ☐☐ 16 + 1 = ☐☐ 13 + 5 = ☐☐

3 Zeichne.

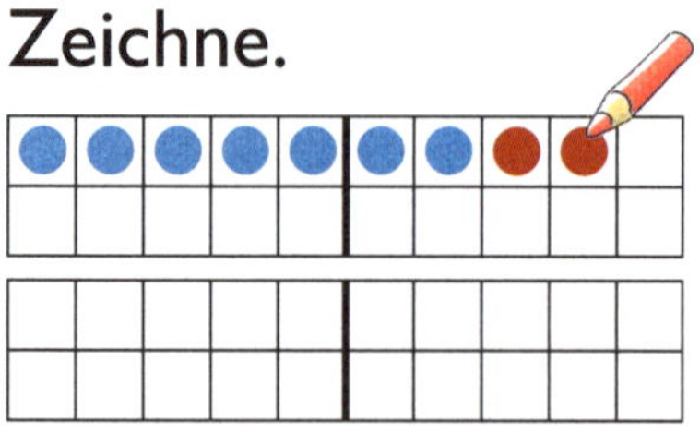

7 + 2 = ☐☐	5 + 2 = ☐☐	3 + 6 = ☐☐
17 + 2 = ☐☐	15 + 2 = ☐☐	13 + 6 = ☐☐

4

4 + 3 = ☐☐	5 + 1 = ☐☐	7 + 3 = ☐☐	
14 + 3 = ☐☐	15 + 1 = ☐☐	17 + 3 = ☐☐	
2 + 2 = ☐☐	7 + 1 = ☐☐	6 + 1 = ☐☐	
12 + 2 = ☐☐	17 + 1 = ☐☐	16 + 1 = ☐☐	
3 + 3 = ☐☐	5 + 5 = ☐☐	1 + 3 = ☐☐	4 + 4 = ☐☐
13 + 3 = ☐☐	15 + 5 = ☐☐	11 + 3 = ☐☐	14 + 4 = ☐☐

1 Rechne zuerst die einfache Aufgabe.

12 + 5 =	15 + 4 =	11 + 6 =	13 + 5 =
2 + 5 =	5 + 4 =	1 + 6 =	3 + 5 =

2

11 + 7 =	12 + 6 =	19 + 1 =	16 + 4 =
＿ + ＿ =	＿ + ＿ =	＿ + ＿ =	＿ + ＿ =

3 Suche die einfache Aufgabe und schreibe so:

a) 11 + 3 = 14
1 + 3 = 4
14 + 1 =

a)	b)	c)	d)
11 + 3	16 + 3	13 + 4	13 + 0
14 + 1	12 + 4	17 + 3	15 + 5
14 + 4	15 + 3	14 + 2	18 + 1

4

5 + 3 =	6 + 2 =	3 + 6 =	4 + 5 =
15 + 3 =	16 + 2 =	13 + 6 =	14 + 5 =
5 + 13 =	6 + 12 =	3 + 16 =	4 + 15 =

5

2 + 5 =	7 + 2 =	4 + 3 =	4 + 5 =
12 + 5 =			
2 + 15 =			
1 + 4 =	6 + 1 =	2 + 7 =	3 + 5 =

6 Bilde eigene Aufgaben und rechne.

16 + 2 =

Knobelecke

Ein Igel geht vor zwei Igeln.
Ein Igel geht hinter zwei Igeln.
Ein Igel geht zwischen zwei Igeln.
Wie viele Igel sind es?

④ Kinder die Schwierigkeit der verschiedenen Aufgaben bewerten lassen.

Minus-Aufgaben bis 20

1

6 − 2 =

16 − 2 =

9 − 3 =

19 − 3 =

2 Lege am Zwanzigerfeld.

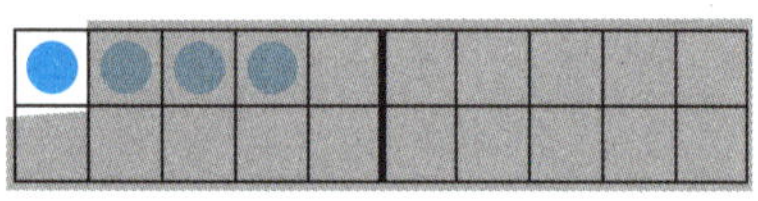

4 − 3 = 6 − 1 = 9 − 5 =

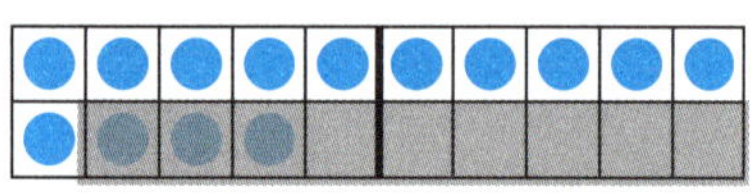

14 − 3 = 16 − 1 = 19 − 5 =

3 Zeichne.

7 − 2 =
17 − 2 =

5 − 2 =
15 − 2 =

9 − 6 =
19 − 6 =

4

6 − 3 =
16 − 3 =

5 − 3 =
15 − 3 =

8 − 2 =
18 − 2 =

4 − 2 =
14 − 2 =

7 − 1 =
17 − 1 =

8 − 4 =
18 − 4 =

9 − 6 =
19 − 6 =

8 − 3 =
18 − 3 =

9 − 4 =
19 − 4 =

9 − 5 =
19 − 5 =

1 Rechne zuerst die einfache Aufgabe.

18 − 2 =	16 − 4 =	15 − 2 =	19 − 1 =
8 − 2 =	6 − 4 =	5 − 2 =	9 − 1 =

2

17 − 5 =	18 − 6 =	17 − 4 =	17 − 1 =
− =	− =	− =	− =

3 Suche die einfache Aufgabe und schreibe so:

a) 15 − 3 = 12
5 − 3 = 2
14 − 1 =

a)	b)	c)	d)
15 − 3	16 − 3	13 − 2	13 − 0
14 − 1	18 − 7	17 − 3	15 − 5
15 − 4	19 − 5	18 − 4	19 − 7

4 Rechne und male.

11 dunkelblau
12 rot
13 gelb
14 grün
15 braun

5

8 − 6 =	7 − 4 =	9 − 6 =	5 − 2 =
18 − 6 =			
9 − 5 =	3 − 3 =	8 − 1 =	10 − 4 =

6 Bilde eigene Aufgaben und rechne.

16 − 2 =

④ Immer zwei Kistenstapel sind gleich gefärbt.

Übungen

1

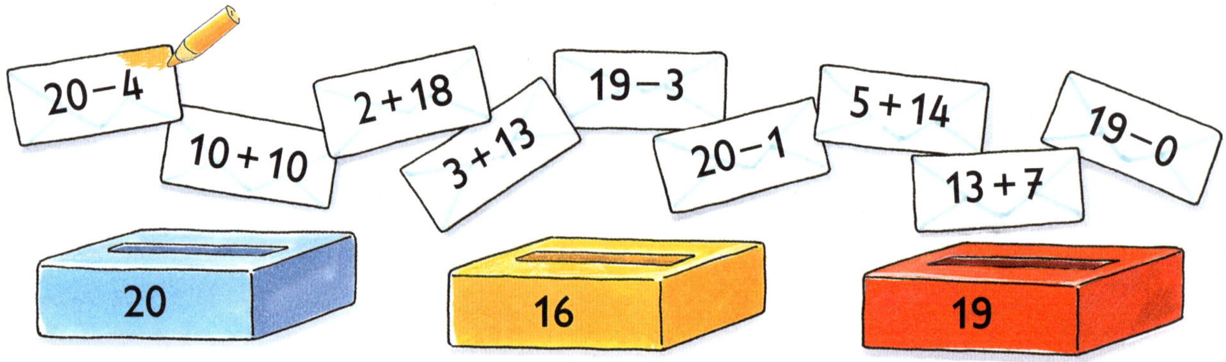

2 Setze die Reihe fort.

19 − 4 = ▢▢	13 + 3 = ▢▢	4 + 11 = ▢▢	20 − 4 = ▢▢
19 − 5 = ▢▢	13 + 4 = ▢▢	4 + 13 = ▢▢	18 − 4 = ▢▢
19 − 6 = ▢▢	13 + 5 = ▢▢	4 + 15 = ▢▢	16 − 4 = ▢▢
19 − 7 = ____	____	____	____

3

+	2	4	5	3	6	1
4						
14						
2						
12						

−	2	1	4	3	6	5
7						
17						
16						
19						

4

a)	b)	c)	d)	e)
14 + 6	15 − 2	4 + 13	16 − 4	17 − 7
20 − 6	15 + 2	14 − 3	19 − 4	20 − 7
4 + 16	5 + 12	14 + 3	18 − 4	19 − 7

10 11 12 12 13 13 14 14 15 16 17 17 17 17 20 20

5

a)	b)	c)	d)	e)
13 + 5	18 − 2	3 + 12	17 − 4	11 + 7
23 + 5	28 − 2	3 + 22	27 − 4	21 + 7
33 + 5	38 − 2	3 + 32	37 − 4	31 + 7
____	____	____	____	____

6

a) 15, 8, 3, 18, 5, 3

▢▢ + ▢▢ = ▢▢

▢▢ + ▢▢ = ▢▢

b) 19, 4, 4, 15, 5, 9

▢▢ − ▢▢ = ▢▢

▢▢ − ▢▢ = ▢▢

① Aufgaben zuordnen.

Verdoppeln

1 Spiegle, male, rechne.

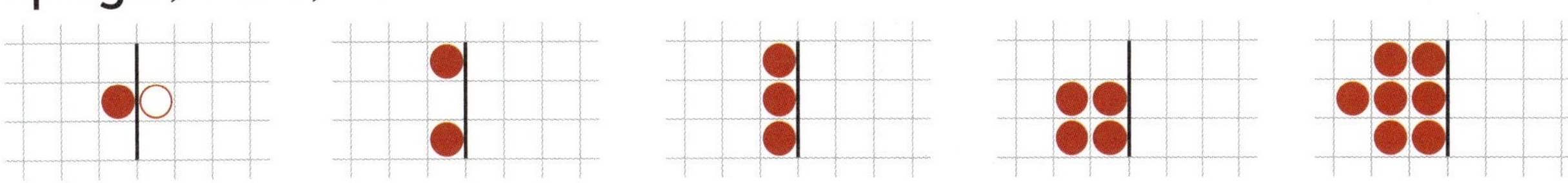

1 + 1 = ▢▢ 2 + 2 = ▢▢ 3 + 3 = ▢▢ 4 + 4 = ▢▢ 7 + 7 = ▢▢

2

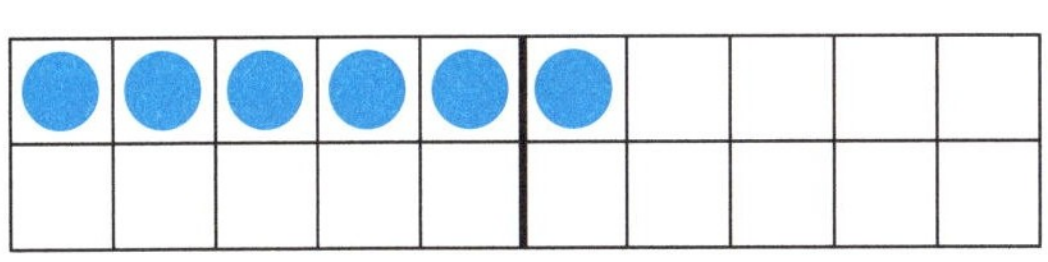

6 + 6 = ▢▢

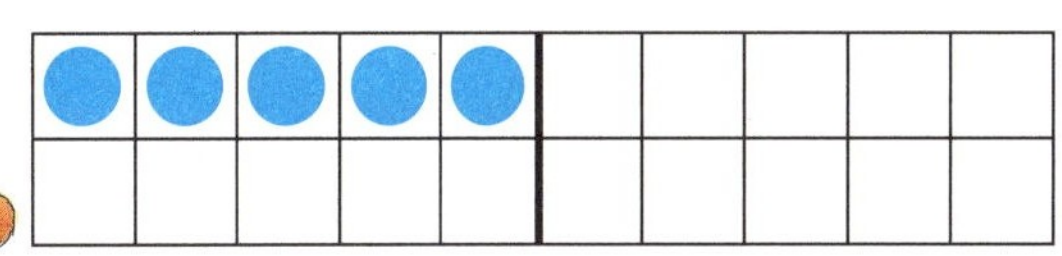

5 + 5 = ▢▢

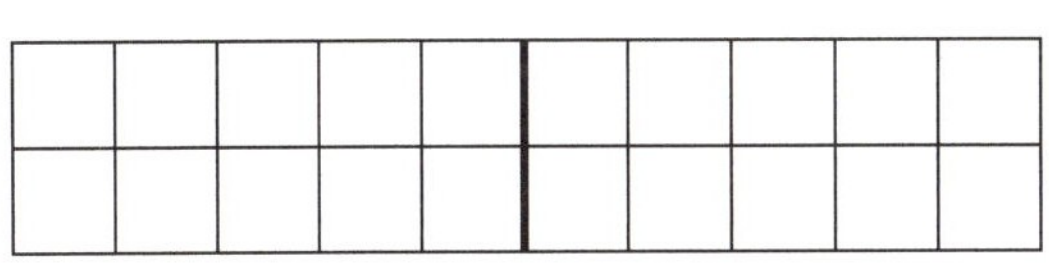

3 + 3 = ▢▢

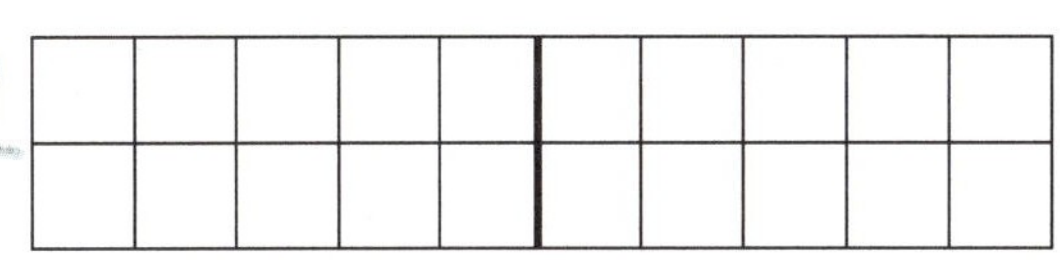

▢▢ + ▢▢ = ▢▢

3 Male und rechne im Heft.

a) 4 + 4
2 + 2
5 + 5

b) 7 + 7
6 + 6
1 + 1

c) 8 + 8
3 + 3
9 + 9

d) 0 + 0
10 + 10
__ + __

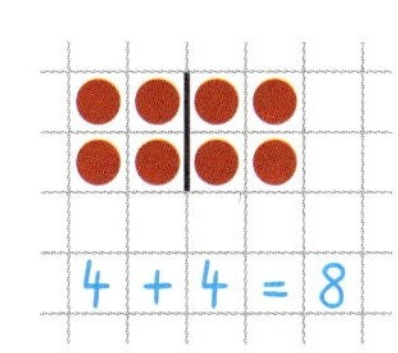

4

Zahl	0	1	2	3	4	5	6	7	8	9	10
Das Doppelte											

Rap zum Verdoppeln und Halbieren als Kopiervorlage in den Handreichungen. ①, ② Spiegeln, Spiegelbild malen, Aufgabe schreiben. Punktefeld oder Rechenrahmen nutzen.

Knobeln und Entdecken

1 Was fehlt?

a)

b)

1	2		4
	4		
		1	

c) Und nun?

d) Erfinde selbst.

2

Was fehlt?

① Lateinische Quadrate ergänzen, selbst ein Quadrat ausfüllen. ② Fehlende Teile herausfinden und verbinden.

Plus-Aufgaben mit Überschreiten

1 Wie rechnest du?

8 + 7 =	6 + 5 =	9 + 9 =
7 + 6 =	8 + 4 =	7 + 9 =
8 + 9 =	9 + 6 =	5 + 7 =
6 + 8 =	4 + 9 =	6 + 7 =

Individuelle Lösungswege der Kinder herausfordern und vorstellen lassen. Kopiervorlage Zwanzigerfeld in den Handreichungen.

Plus-Aufgaben mit Überschreiten

1 Lege am Zwanzigerfeld.

7 + 5 = ___	9 + 2 = ___	6 + 5 = ___	3 + 9 = ___
7 + 3 = 10	9 + ___ = 10	6 + ___ = 10	3 + ___ = 10
10 + 2 = ___	10 + ___ = ___	10 + ___ = ___	10 + ___ = ___

2 Immer erst bis zur 10. Zeichne und rechne.

7 + 6 = ___	5 + 8 = ___	4 + 9 = ___
7 + ___ = ___	___ + ___ = ___	___ + ___ = ___
10 + ___ = ___	___ + ___ = ___	___ + ___ = ___

3 Immer erst bis zur 10. Rechne.

8 + 3 = ___	6 + 8 = ___	9 + 4 = ___
___ + ___ = ___	___ + ___ = ___	___ + ___ = ___
___ + ___ = ___	___ + ___ = ___	___ + ___ = ___

4 Finde Aufgaben, bei deren Lösung die Geschwisterzahlen helfen.

4 + 7 = ___	3 + ___ = ___	___ + ___ = ___
4 + 6 = 10	___ + ___ = ___	___ + ___ = ___
10 + ___ = ___	___ + ___ = ___	___ + ___ = ___

1 Schreibe auf, wie du rechnest.

9 + 6	8 + 5	4 + 9	5 + 7
8 + 7	7 + 6	6 + 9	7 + 5
7 + 8	6 + 7	8 + 9	6 + 5

11 12 12 12 13 13 13 13 15 15 15 15 17

9 + 6 = 15
9 + 1 = 10
10 + 5 = 15

8 + 7 =

2

9 + 7 = 16	7 + 5 = ___	6 + 8 = ___	4 + 8 = ___
8 + 8 = 16	6 + 6 = ___	7 + 7 = ___	6 + 6 = ___

3 Rechne.

a)	b)	c)
8 + 6 = ___	5 + 9 = ___	9 + 7 = ___
7 + 7 = ___	___ + ___ = ___	___ + ___ = ___
4 + 6 = ___	9 + 5 = ___	5 + 7 = ___
___ + ___ = ___	___ + ___ = ___	___ + ___ = ___

4 Immer 2 Kärtchen gehören zusammen.

3 + 7 | 7 + 7 | 5 + 5 | 8 + 6 | 9 + 5 | 5 + 7 | 5 + 5 | 4 + 6 | 6 + 6 | 8 + 8 | 8 + 4 | 6 + 6 | 7 + 7 | 9 + 7

② bis ④ Erarbeitung der Strategie „gegensinniges Verändern" mit leistungsstärkeren Kindern.

Plus-Aufgaben mit Überschreiten

1

6 + 5 = 11	8 + 7 =	7 + 6 =	9 + 8 =
6 + 6 = 12	8 + 8 =	7 + 7 =	9 + 9 =
6 + 7 = 13	8 + 9 =	7 + 8 =	9 + 10 =

2 Lege am Zwanzigerfeld.

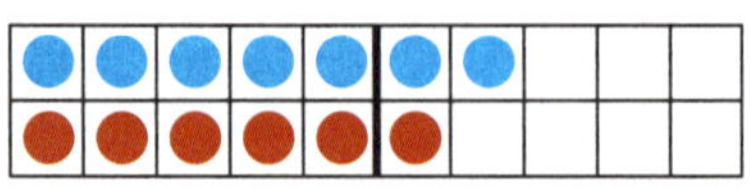

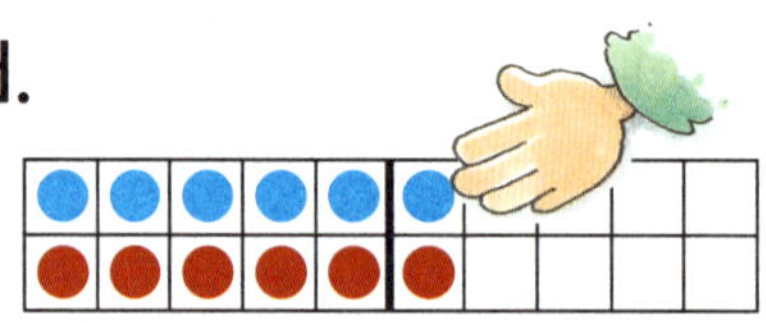

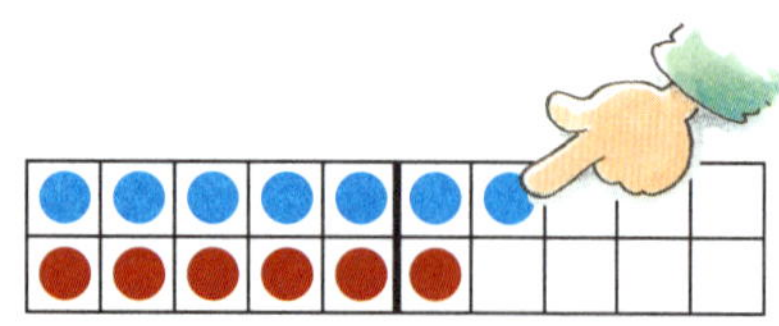

7 + 6 =	6 + 6 = 12	12 + 1 =

7 + 6 =	6 + 7 =	9 + 8 =
6 + 6 = 12	☐ + ☐ =	☐ + ☐ =
12 + 1 =	☐ ◯ ☐ =	☐ ◯ ☐ =

3 Immer erst verdoppeln. Zeichne und rechne.

8 + 7 =	5 + 6 =	7 + 9 =
8 + 8 = 16	☐ + ☐ =	☐ + ☐ =
16 − 1 =	☐ ◯ ☐ =	☐ ◯ ☐ =

4 Immer erst verdoppeln. Zeichne und rechne.

8 + 9 =	7 + 8 =	6 + 5 =
☐ + ☐ =	☐ + ☐ =	☐ + ☐ =
☐ ◯ ☐ =	☐ ◯ ☐ =	☐ ◯ ☐ =

1 Schreibe auf, wie du rechnest.

8 + 6	7 + 5	9 + 7	6 + 9
6 + 8	5 + 7	7 + 9	9 + 6

12 12 13 14 14 15 15 16 16

8 + 6 = 14
8 + 8 = 16
16 − 2 = 14

2

8 + 10 = 18	6 + 10 = __
8 + 9 = 17	6 + 8 = __
7 + 10 = __	5 + 10 = __
7 + 9 = __	5 + 7 = __

3 Immer erst +10. Rechne.

a)

6 + 9 = __	4 + 8 = __	8 + 9 = __
6 +10 = 16	__ +10 = __	__ +10 = __
16 − 1 = __	__ − __ = __	__ − __ = __

b)

7 + 8 = __	5 + 9 = __	7 + 8 = __
__ +10 = __	__ +10 = __	__ +10 = __
__ − __ = __	__ − __ = __	__ − __ = __

4 Schreibe auf, wie du rechnest.

3 + 8	2 + 9	6 + 8
4 + 8	4 + 9	8 + 9
5 + 8	6 + 9	3 + 9

3 + 8 = 11
3 + 10 = 13
13 − 2 = 11
4 + 8 =

11 11
12 12
13 13
14 15
15 17

Knobelecke

Zu welchem Schloss passt der Schlüssel?

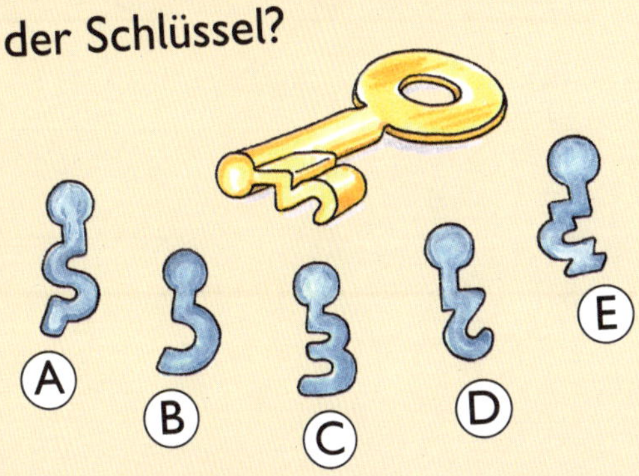

② bis ④ Erarbeitung der Strategie „10 vor und dann zurück“ mit leistungsstärkeren Kindern.

Wie rechnest du?

1 Lege und male.

8 + 6 = ___ 9 + 2 = ___

7 + 8 = ___ 6 + 7 = ___

5 + 9 = ___ 9 + 7 = ___

9 + 6 = ___ 8 + 5 = ___

2 Lotta rechnet bis zur 10. Rechne genauso.

7 + 8 = 15	5 + 6 =	8 + 9 =	6 + 7 =
7 + 3 = 10			
10 + 5 = 15			

Leon findet das Doppelte. Rechne genauso.

7 + 8 = 15	5 + 6 =	8 + 9 =	6 + 7 =
7 + 7 = 14			
14 + 1 = 15			

3 Karl rechnet so, rechne genauso.

7 + 9 = 16	5 + 7 =	6 + 8 =
8 + 8 = 16		

Pia rechnet zuerst +10. Rechne genauso.

7 + 9 = 16	5 + 7 =	6 + 8 =
7 + 10 = 17		
17 − 1 = 16		

Tauschaufgaben

1

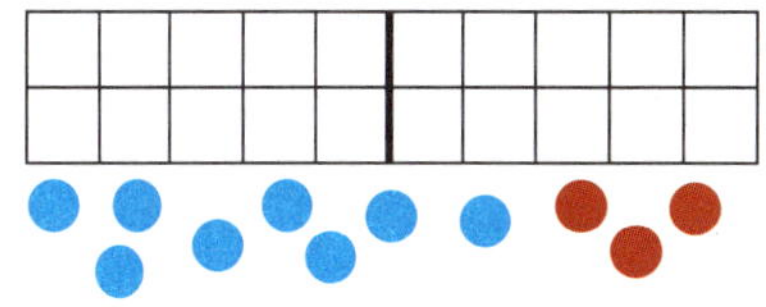

8 + 3 = ___
3 + 8 = ___

15 + 4 = ___
4 + 15 = ___

2 Male.

17 + 2 | 6 + 8 | 9 + 4 | 18 + 1 | 6 + 14 | 5 + 7 | 11 + 2

4 + 9 | 2 + 17 | 1 + 18 | 8 + 6 | 14 + 6 | 2 + 11 | 7 + 5

3

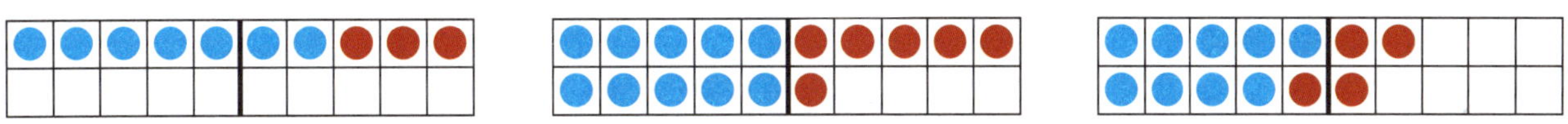

7 + 3 = ___	10 + 6 = ___	9 + 4 = ___
___ + ___ = ___	___ + ___ = ___	___ + ___ = ___

4 Rechne. Welche Aufgabe ist leichter? Kreuze an.

☐ 2 + 8 = ___	☐ 4 + 7 = ___	☐ 5 + 9 = ___	☐ 5 + 8 = ___
☐ 8 + 2 = ___	☐ ___ + ___ = ___	☐ ___ + ___ = ___	☐ ___ + ___ = ___

10 10 11 11 13 13 14 14 15

5

S. 35 Nr. 5
a) 2 + 15 = 17
15 + 2 =

a)	b)	c)	d)	e)
2 + 15	3 + 8	2 + 14	16 + 3	8 + 5
4 + 11	9 + 4	17 + 3	14 + 5	4 + 8
5 + 15	5 + 7	15 + 4	4 + 16	9 + 9

11 12 12 13 13 14 15 16 17 18 19 19 19 20 20 20

6 Finde selbst Aufgaben und Tauschaufgaben.

Körper und Flächen

Lernen an Stationen: illustrierte Situationen mit der Klasse nachvollziehen.

Kopiervorlagen in den Handreichungen.

Gerade Zahlen

1 gerade Zahlen

2 4 6 8 10

ungerade Zahlen

1 3 5 7 9

2 Trage die Zahlen in die Tabelle ein.

gerade	ungerade

4 3 19 12 2 13 11 17 5 15 16 20 18 9 7 8 6 14 10 21

3 Ergänze die fehlenden Hausnummern.

4 Schreibe die Zahlen in den Zahlenweg. Schreibe die geraden Zahlen in rot, die ungeraden in grün.

① Gerade und ungerade Zahlen als Punktefeld darstellen.
② Zahlenkarten nach gerade/ungerade sortieren. Zahlen in die Tabelle eintragen.

Halbieren

1 Immer die Hälfte.

   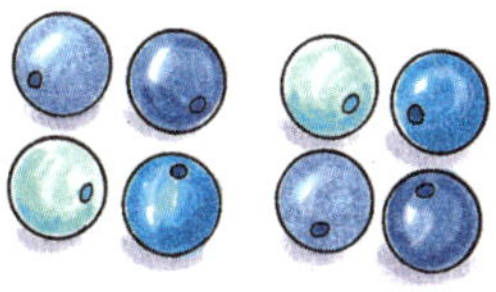

4 = 2 + ___ ___ = ___ + ___ ___ = ___ + ___ ___ = ___ + ___

2

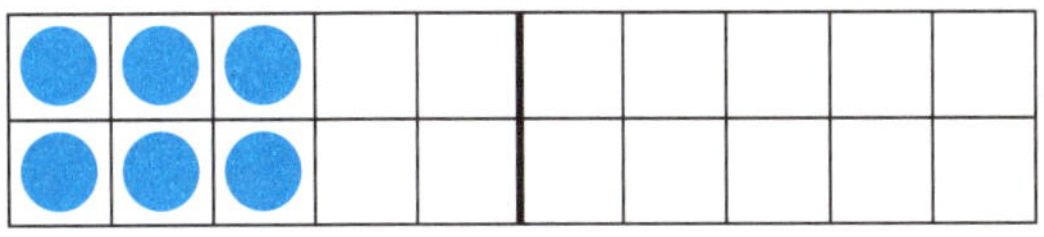

6 = 3 + ___

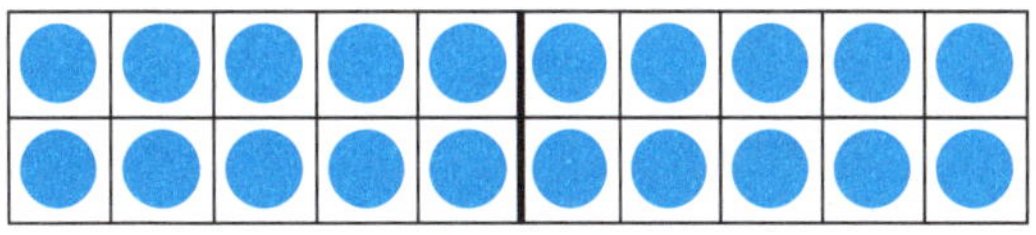

20 = ___ + ___

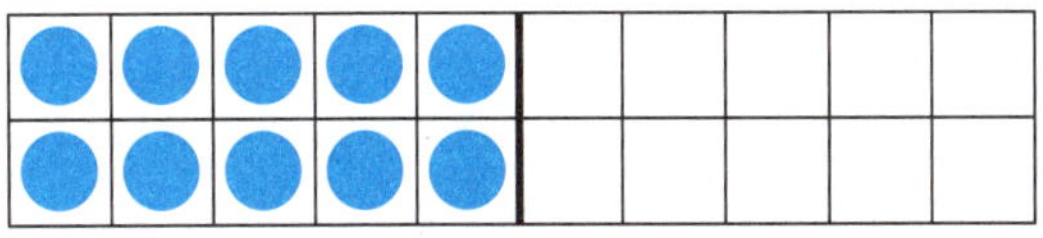

___ = ___ + ___

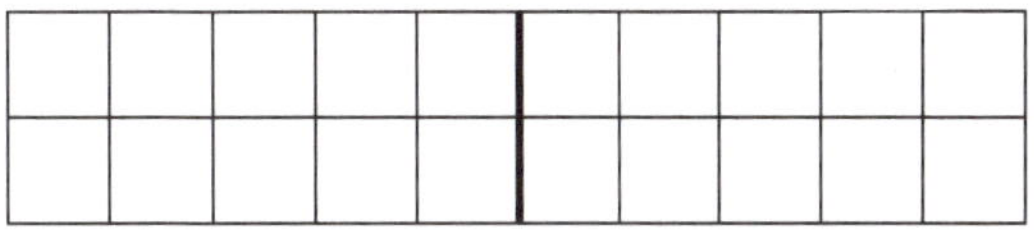

___ = ___ + ___

3 Male und rechne.

Die Hälfte von 16 ist ___. Die Hälfte von 12 ist ___.

Die Hälfte von 8 ist ___. Die Hälfte von 18 ist ___.

Die Hälfte von 4 ist ___. Die Hälfte von 14 ist ___.

4 12 = 6 + ___ 4 = ___ + ___ 13 = ___ + ___

6 = ___ + ___ 18 = ___ + ___ 8 = ___ + ___

5

Zahl	1	2	5	6	8	11	12	14	16	19	20
Die Hälfte	/										

①, ② Aufgaben nachlegen lassen, dann lösen. ③ Im Heft auf Karopapier malen, dann rechnen. ④ Achtung: eine Zahl kann man nicht halbieren. ⑤ Achtung: vier Zahlen kann man nicht halbieren. Tabelle für alle Zahlen von 1 bis 20 im Heft anfertigen lassen.

Unterschied

1 Wer hat mehr Bausteine? Wie groß ist der Unterschied?

a) 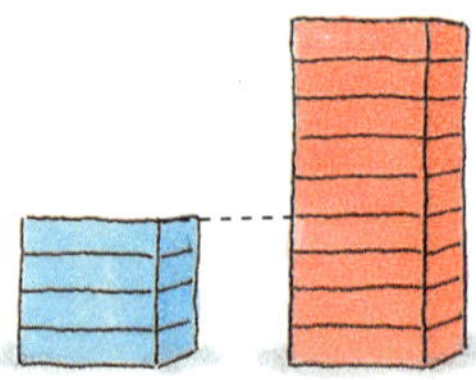 Unterschied: ☐

b)  Unterschied: ☐

2 Wie groß ist der Unterschied zwischen den Zahlen?

a) 7 und 5
Unterschied: ☐

b) 2 und 9
Unterschied: ☐

c) 3 und 8
Unterschied: ☐

3 Wer hat weniger? Wie groß ist der Unterschied?

a) Karl hat 4, Leon 9 Steine.
_______ hat weniger Steine
Unterschied: ☐

b) Marie hat 6, Lotta 10 Sticker.
_______ hat weniger Sticker
Unterschied: ☐

4 Wie groß ist der Unterschied zwischen den Zahlen?

a) 4 und 9 b) 8 und 10 c) 7 und 3 d) 10 und 5

5 Laura und Pia sammeln Sticker. Pia hat 12 Stück. Der Unterschied zur Anzahl von Lauras Stickern beträgt 4.
Wie viele Sticker kann Laura haben?

6 Welche Zahl kann es sein?

a) 6, Unterschied: 4 b) 9, Unterschied: 5 c) 8, Unterschied: 7

7 Suche Zahlen mit dem angegebenen Unterschied.

a) Unterschied: 4 b) Unterschied: 7 c) Unterschied: 1

Ergänzen

1

a) 10 + ☐ = 17
12 + ☐ = 19
11 + ☐ = 18
16 + ☐ = 17

b) 17 + ☐ = 20
12 + ☐ = 20
16 + ☐ = 20
14 + ☐ = 20

c) 1 + ☐ = 6
4 + ☐ = 9
7 + ☐ = 8
4 + ☐ = 4

2

a) 14 + ☐ = 16
17 + ☐ = 20
12 + ☐ = 14
5 + ☐ = 8

b) 11 + ☐ = 15
2 + ☐ = 9
15 + ☐ = 20
13 + ☐ = 18

c) 10 + ☐ = 17
12 + ☐ = 12
19 + ☐ = 20
11 + ☐ = 15

0 1 2 2 3 3 3 4 4 5 5 7 7

3

19
11 + 8
12 +
9 +

16
14 +
11 +

12
6 +
10 +

17
12 +

4

a) 17 = 14 + ☐☐
15 = 12 + ☐☐
11 = 8 + ☐☐

b) 15 = ☐☐ + 5
15 = ☐☐ + 6
15 = ☐☐ + 7

c) 19 = ☐☐ + 11
13 = ☐☐ + 10
16 = ☐☐ + 9

d) 20 = ☐☐ + 1
18 = ☐☐ + 0
14 = ☐☐ + 2

3 3 3 3 7 8 8 9 10 12 13 18 19

Besondere Aufgaben

1

20 – ☐ = 19	20 – ☐ = 16	20 – ☐ = 13
20 – ☐ = 18	20 – ☐ = 15	20 – ☐ = 12
20 – ☐ = 17	20 – ☐ = 14	20 – ☐ = 11

2

a)	b)	c)
19 – ☐ = 16	20 – ☐ = 16	15 – ☐ = 12
17 – ☐ = 15	6 – ☐ = 1	10 – ☐ = 5
8 – ☐ = 4	19 – ☐ = 14	16 – ☐ = 10
18 – ☐ = 18	18 – ☐ = 10	14 – ☐ = 13
10 – ☐ = 7	7 – ☐ = 5	19 – ☐ = 10

0 1 2 2 3 3 3 4 4 5 5 5 6 7 8 9

3 Rechne und male.

12 – ☐ = 5 (gelb)	20 – ☐ = 17 (gelb)
12 – ☐ = 4 (blau)	13 – ☐ = 8 (braun)
15 – ☐ = 7 (blau)	20 – ☐ = 20 (braun)
19 – ☐ = 13 (braun)	18 – ☐ = 16 (grün)
12 – ☐ = 8 (rot)	12 – ☐ = 6 (braun)
16 – ☐ = 7 (grün)	11 – ☐ = 7 (rot)

Minus-Aufgaben mit Überschreiten

1 Wie rechnest du?

13 – 4 =	15 – 7 =	12 – 8 =
12 – 5 =	14 – 6 =	13 – 7 =
11 – 3 =	15 – 9 =	11 – 6 =
14 – 8 =	12 – 3 =	16 – 9 =

Individuelle Lösungswege der Kinder herausfordern und vorstellen lassen. Kopiervorlage Zwanzigerfeld in den Handreichungen.

Minus-Aufgaben mit Überschreiten

1 Lege am Zwanzigerfeld.

12 − 3 = __	15 − 7 = __	12 − 5 = __	18 − 9 = __
12 − 2 = 10	15 − __ = 10	12 − __ = 10	18 − __ = 10
10 − 1 = __	10 − __ = __	10 − __ = __	10 − __ = __

2 Immer erst bis zur 10. Zeichne und rechne.

13 − 6 = __	14 − 8 = __	11 − 7 = __
13 − 3 = __	__ − __ = __	__ − __ = __
10 − 3 = __	__ − __ = __	__ − __ = __

3 Immer erst bis zur 10. Rechne.

17 − 8 = __	12 − 7 = __	16 − 7 = __
__ − __ = __	__ − __ = __	__ − __ = __
__ − __ = __	__ − __ = __	__ − __ = __

4 Die Geschwisteraufgaben helfen. Finde passende Aufgaben.

13 − 4 = __	12 − 7 = __	__ − __ = __
13 − 3 = 10	__ − __ = __	__ − __ = __
10 − __ = __	__ − __ = __	__ − __ = __

1 Schreibe auf, wie du rechnest.

15 − 6	14 − 9	11 − 7	14 − 5
13 − 4	11 − 6	12 − 6	13 − 7
12 − 8	12 − 9	13 − 8	15 − 8

3 4 4 5 5 5 6 6 7 7 9 9 9

15 − 6 = 9
15 − 5 = 10
10 − 1 = 9

13 − 4 =

2

13 − 10 = 3	15 − 10 =
13 − 9 = 4	15 − 8 =
17 − 10 =	12 − 10 =
17 − 9 =	12 − 8 =

3 Immer erst −10. Rechne.

a)

11 − 9 =	13 − 8 =	14 − 9 =
11 −10 = 1	−10 =	−10 =
1 + 1 =	+ =	+ =

b)

14 − 8 =	16 − 9 =	17 − 8 =
−10 =	−10 =	−10 =
+ =	+ =	+ =

4 Schreibe auf, wie du rechnest.

14 − 7	15 − 9
15 − 7	14 − 9
16 − 7	13 − 9
12 − 8	11 − 6
14 − 8	12 − 7
16 − 8	13 − 8

4 4 5 5 5 5 6 6 7 7 8 8 9

14 − 7 = 7
14 − 10 = 4
4 + 3 = 7

15 − 7 =

② bis ④ Erarbeitung der Strategie „10 zurück und dann vor" mit leistungsstärkeren Kindern.

Minus-Aufgaben mit Überschreiten

1

12 − 8 = 4
8 + 4 = 12

16 − 9 = __
9 + __ = 16

13 − 7 = __
7 + __ = 13

11 − 6 = __
6 + __ = 11

2 Lege am Zwanzigerfeld.

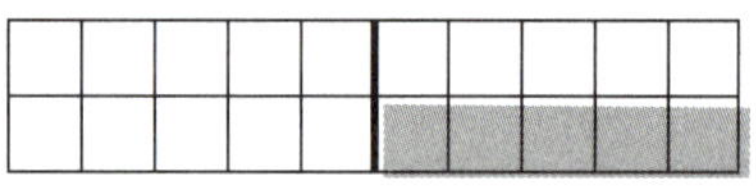
15

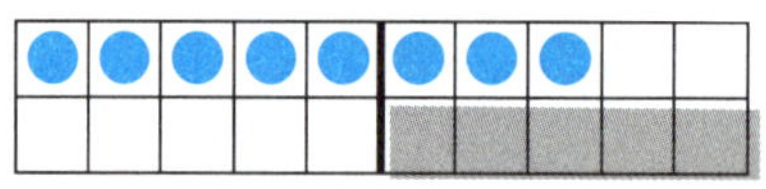
8 + __ = 15

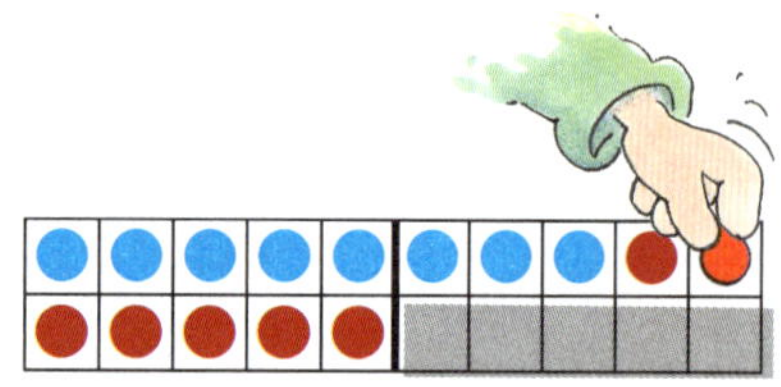
8 + 7 = 15

15 − 8 = 7
8 + 7 = 15

14 − 9 = __
9 + __ = 14

17 − 9 = __
9 + __ = 17

3 Zeichne und rechne.

11 − 7 = __
7 + 4 = 11

14 − 8 = __
__ + __ = __

12 − 9 = __
__ + __ = __

4 Ergänze. Rechne.

16 − 8 = __
8 + __ = 16

13 − 8 = __
__ + __ = __

13 − 7 = __
__ + __ = __

13 − 6 = __
__ + __ = __

14 − 9 = __
__ + __ = __

18 − 9 = __
__ + __ = __

11 − 9 = __
__ + __ = __

15 − 7 = __
__ + __ = __

12 − 8 = __
__ + __ = __

1 Schreibe auf, wie du rechnest.

12 − 7	13 − 8	15 − 9	16 − 6
14 − 7	15 − 8	14 − 9	16 − 7
16 − 7	17 − 8	13 − 9	16 − 8

4 5 5 5 6 7 7 8 9 9 9 10 10

12 − 7 = 5
7 + 5 = 12

14 − 7 =

2

12 = 6 + 6	16 = ☐ + ☐	14 = ☐ + ☐	18 = ☐ + ☐
12 − 7 = 5	16 − 9 = ☐	14 − 6 = ☐	18 − 8 = ☐
12 − 6 = 6	16 − 8 = ☐	14 − 7 = ☐	18 − 9 = ☐
12 − 5 = 7	16 − 7 = ☐	14 − 8 = ☐	18 − 10 = ☐

3 Immer erst die Hälfte. Rechne.

16 − 9 = ☐
16 = 8 + 8
8 − 1 = ☐

14 − 8 = ☐
☐ = ☐ + ☐
☐ ◯ ☐ = ☐

12 − 4 = ☐
☐ = ☐ + ☐
☐ ◯ ☐ = ☐

12 − 7 = ☐
☐ = ☐ + ☐
☐ ◯ ☐ = ☐

14 − 9 = ☐
☐ = ☐ + ☐
☐ ◯ ☐ = ☐

14 − 5 = ☐
☐ = ☐ + ☐
☐ ◯ ☐ = ☐

16 − 7 = ☐
☐ = ☐ + ☐
☐ ◯ ☐ = ☐

Knobelecke

Wie geht es weiter?

②, ③ Erarbeitung der Strategie „Halbieren“ mit leistungsstärkeren Kindern.

Wie rechnest du?

1 Lege und male.

13 − 6 = ___ 12 − 9 = ___

17 − 8 = ___ 16 − 7 = ___

15 − 9 = ___ 14 − 7 = ___

11 − 5 = ___ 15 − 6 = ___

2 Lotta rechnet bis zur 10. Rechne genauso.

12 − 9 = 3	13 − 8 =	17 − 9 =	14 − 7 =
12 − 2 = 10			
10 − 7 = 3			

Leon ergänzt. Rechne genauso.

12 − 9 = 3	13 − 8 =	17 − 9 =	14 − 7 =
9 + 3 = 12			

3 Pia rechnet zuerst −10. Rechne genauso.

16 − 9 = 7	14 − 8 =	15 − 7 =
16 − 10 = 6		
6 + 1 = 7		

Karl findet die Hälfte. Rechne genauso.

16 − 9 = 7	14 − 8 =	15 − 7 =
16 = 8 + 8		
8 − 1 = 7		

Umkehraufgaben

1

11 − 3 = ☐☐

8 + ☐ = ☐☐

2 Male.

6 + 7 = 13	13 − 7 = 6	10 + 7 = 17	18 − 9 = 9
5 + 9 = 14	14 − 9 = 5	9 + 3 = 12	17 − 7 = 10
15 + 3 = 18	18 − 3 = 15	9 + 9 = 18	12 − 3 = 9

3

6 + 5 = 11

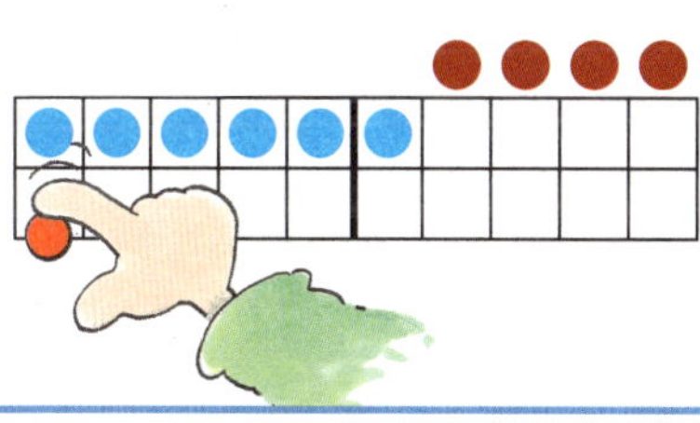

11 − 5 = ☐☐

13 − 4 = ☐☐
☐ + 4 = ☐☐

8 + 7 = ☐☐
☐☐ − ☐ = ☐☐

17 − 9 = ☐☐
☐ + ☐ = ☐☐

6 + 8 = ☐☐
☐☐ − ☐ = ☐☐

4 Rechne mit 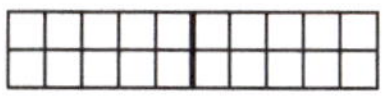 oder 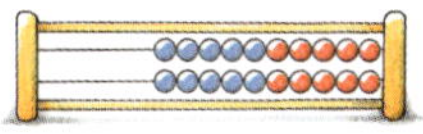

9 + 6 = ☐☐	8 + 7 = ☐☐	6 + 8 = ☐☐	7 + 4 = ☐☐
☐☐ − ☐ = ☐☐	☐☐ − ☐ = ☐☐	☐☐ − ☐ = ☐☐	☐☐ − ☐ = ☐☐
13 − 6 = ☐☐	12 − 3 = ☐☐	11 − 0 = ☐☐	14 − 7 = ☐☐
☐☐ + ☐ = ☐☐	☐☐ + ☐ = ☐☐	☐☐ + ☐ = ☐☐	☐☐ + ☐ = ☐☐

5 Finde Aufgaben und Umkehraufgaben.

Falten

1

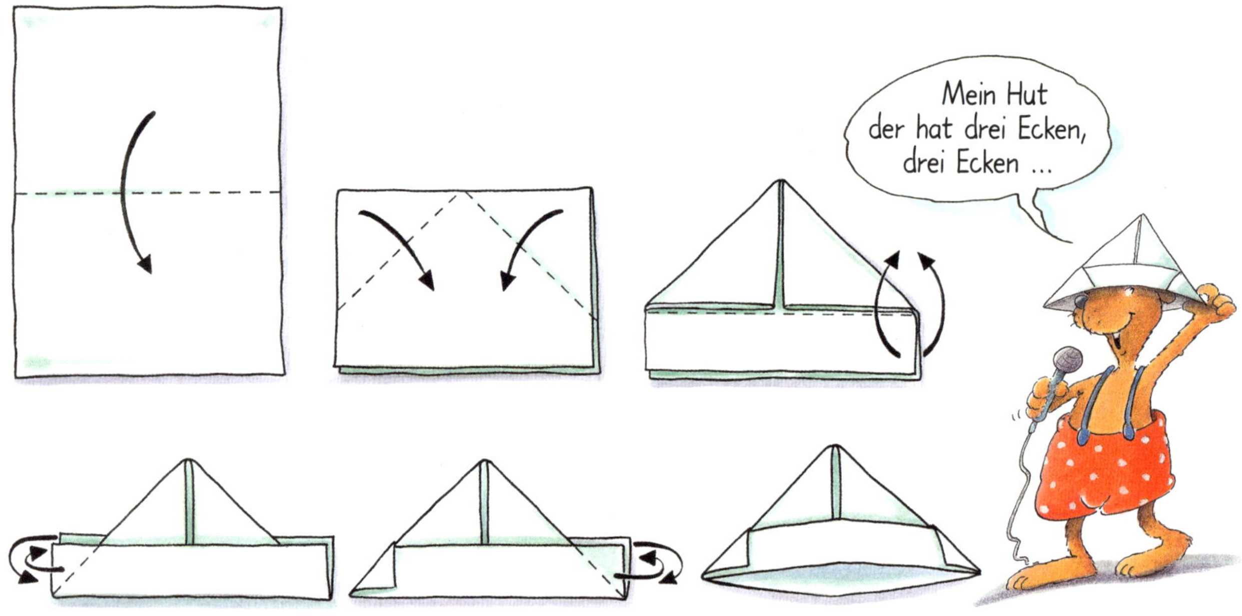

2 Aus dem Hut wird ein Boot.

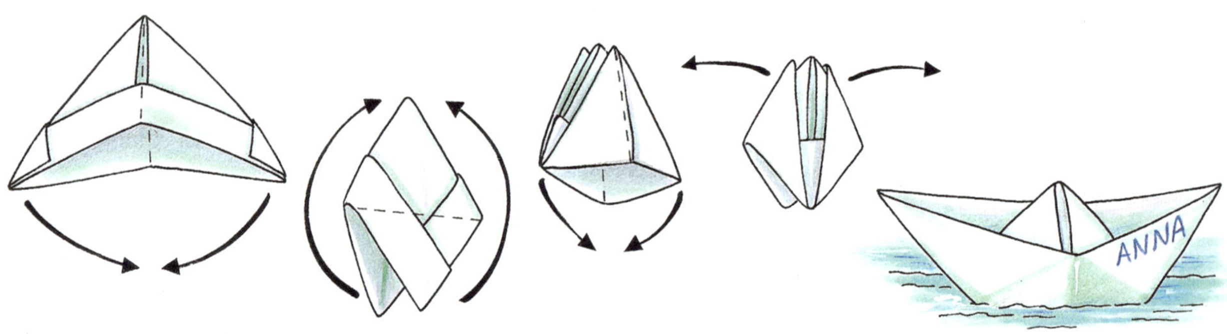

3 Wir falten einen Becher.

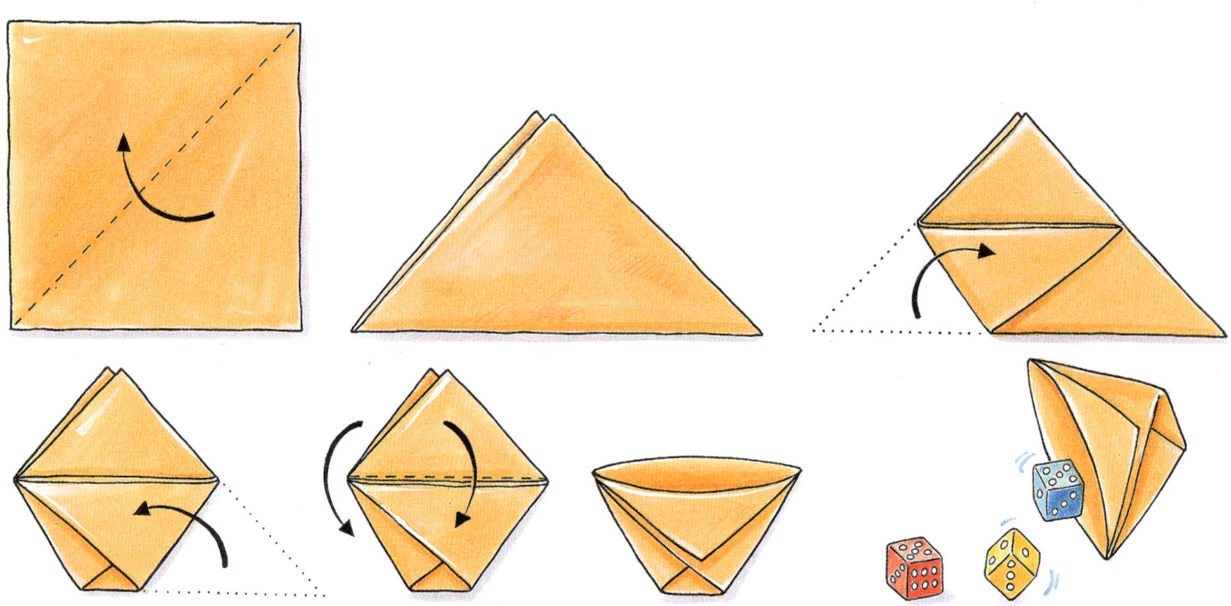

1

2

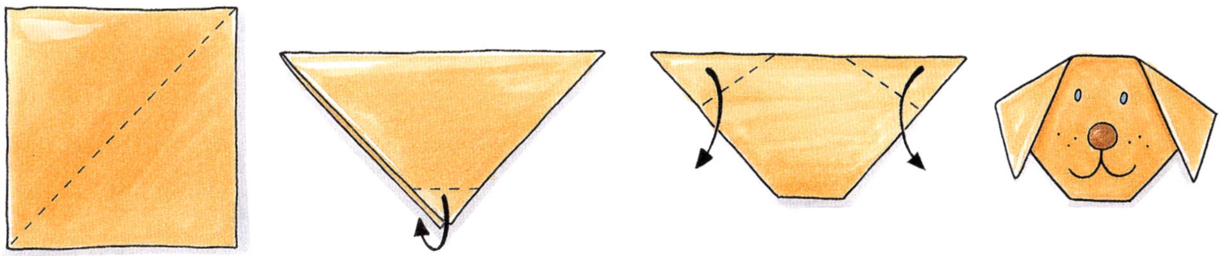

3 Wir falten ein Portmonee.

4 Was kannst du falten?

Unser Geld

1 Wie viel ist es?

☐☐ €

☐☐ ☐

☐☐ ☐

2 Wie kannst du bezahlen? Lege und schreibe.

12 €

12 € = 10 € + 2 € ____________

12 € ____________

12 € ____________

12 € ____________

12 € ____________

12 € ____________

3 Lege und schreibe in dein Heft.

15 €

10 €

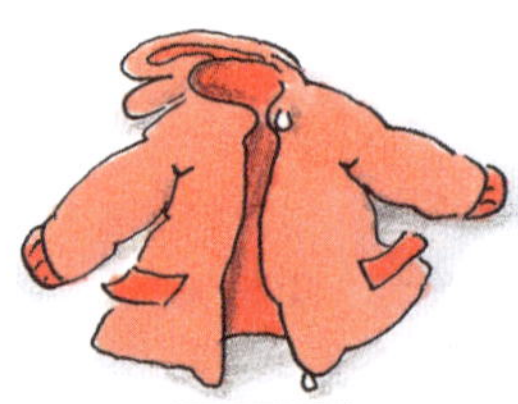

17 €

20 €

4 Wie viel Cent sind es? Wie viele Bonbons kann ich kaufen?

5 ct

a) 

☐☐ ct

☐☐ Bonbons

b) 

☐☐ ct

☐☐ Bonbons

c) 

☐☐ ct

☐☐ Bonbons

Geld wechseln

1

2 Wechsle mit Scheinen und Münzen.

a) 

b) 

c)  

3 Wie kannst du wechseln? Finde viele Möglichkeiten.

a) 

b) 

Auf dem Flohmarkt einkaufen

1

5€ + 5€ = ____ €

2

3

4

5€ − 3€ = ____ €

5 Du hast  . Kaufe ein.

① bis ④ Preise oder Rückgeld ausrechnen. ⑤ Kaufen und bezahlen in Partnerarbeit spielen. Eigener Markt oder Bild nutzen.

Rechnen mit Geld

1 Reicht das Geld? Kreuze an.

ja	nein

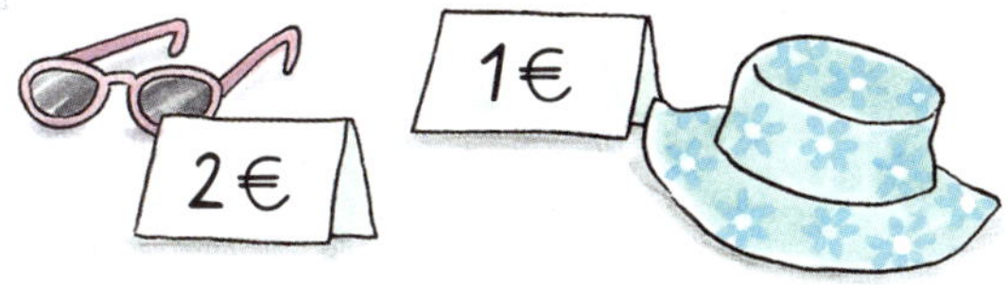

ja	nein

ja	nein

ja	nein

ja	nein

ja	nein

2 a) 10 € + 8 € = 1 8 €

8 € + 4 € =

15 € + 4 € =

12 € + 8 € =

9 € + 7 € =

12 € 14 € 16 € ~~18 €~~ 19 € 20 €

b) 12 ct − 3 ct = ct

15 ct − 6 ct =

19 ct − 10 ct =

10 ct − 7 ct =

19 ct − 8 ct =

3 ct 5 ct 9 ct 9 ct 9 ct 11 ct

3 a) Lege mit Münzen:
20 ct, 17 €, 19 €.

b) Lege mit Scheinen:
20 €, 15 €, 10 €.

c) Lege mit Münzen:
20 €, 18 ct, 14 €.

4 Lege aus  die Beträge:
7 ct, 11 ct, 12 ct, 19 ct, 21 ct.
Finde viele Möglichkeiten.

Knobelecke

+		
	9	12
	16	19

−		
	12	8
	5	1

Hat dein Nachbar das gleiche Ergebnis?

④ Zum Legen der Beträge stehen beliebig viele Münzen der angegebenen Sorten zur Verfügung.

Besondere Aufgaben

☐☐ + 5 = 11

☐☐ + 5 = 11

☐☐ $\xrightarrow[-5]{+5}$ 11

1 ☐☐ + 8 = 19, denn 19 − 8 = 11 ☐☐ + 3 = 12, denn 12 − ☐ = ☐☐

☐☐ $\xrightarrow[-8]{+8}$ 19 ☐☐ $\xrightarrow[-3]{+3}$ 12

2

☐☐ $\xrightarrow[-3]{+3}$ 16 ☐☐ $\xrightarrow[-5]{+5}$ 14 ☐☐ $\xrightarrow[\_\_]{+4}$ 12 ☐☐ $\xrightarrow[\_\_]{+9}$ 18

☐☐ $\xrightarrow[\_\_]{+6}$ 13 ☐☐ $\xrightarrow[\_\_]{+5}$ 17 ☐☐ $\xrightarrow[\_\_]{+8}$ 20 ☐☐ $\xrightarrow[\_\_]{+6}$ 11

3 Rechne so: 11 + 8 = 19, denn 19 − 8 = 11

a) ☐☐ + 8 = 19
☐☐ + 5 = 16
☐☐ + 4 = 15

b) ☐☐ + 6 = 20
☐☐ + 9 = 20
☐☐ + 4 = 20

c) ☐☐ + 5 = 15
☐☐ + 4 = 15
☐☐ + 3 = 15

d) ☐☐ + 2 = 18
☐☐ + 7 = 20
☐☐ + 5 = 17

10 11 11 11 11 11 12 12 13 13 14 16 16

4

Wenn ich zu meiner Zahl
erst 5 dazuzähle und dann 6 dazuzähle,
erhalte ich 18. Meine Zahl heißt ______

__ −3 = 9

__ − 3 = 9

__ $\xrightarrow[+3]{-3}$ 9

1 __ − 6 = 8, denn 8 + __ = __   __ − 5 = 9, denn 9 + __ = __

__ $\xrightarrow[+6]{-6}$ 8   __ $\xrightarrow[\_\_]{-5}$ 9

2

__ $\xrightarrow[+3]{-3}$ 14	__ $\xrightarrow[\_\_]{-5}$ 11	__ $\xrightarrow[\_\_]{-7}$ 13	__ $\xrightarrow[\_\_]{-2}$ 15
__ $\xrightarrow[+4]{-4}$ 12	__ $\xrightarrow[\_\_]{-3}$ 12	__ $\xrightarrow[\_\_]{-4}$ 9	__ $\xrightarrow[\_\_]{-9}$ 7

3 Rechne so: 20 − 2 = 18, denn 18 + 2 = 20

a)	b)	c)	d)
__ − 2 = 18	__ − 6 = 11	__ − 9 = 10	__ − 9 = 11
__ − 5 = 15	__ − 8 = 11	__ − 2 = 13	__ − 8 = 10
__ − 4 = 16	__ − 7 = 11	__ − 0 = 16	__ − 6 = 12

15 16 17 17 18 18 18 19 19 20 20 20 20

4

Wenn ich von meiner Zahl erst 7 wegnehme und dann noch 3 wegnehme, erhalte ich 5. Meine Zahl heißt ______

Übungen

1

2 Rechne und male.

10 + 7 =	12 − 3 =	11 − 8 =
12 + 0 =	14 − 7 =	9 + 9 =
9 + 4 =	16 − 6 =	9 − 8 =
5 + 9 =	15 − 9 =	17 − 9 =
8 + 3 =	13 − 8 =	8 + 8 =
7 + 8 =	11 − 9 =	12 − 8 =

3 Jetzt bist du der Lehrer. Findest du die 6 Fehler?
Streiche falsche Ergebnisse durch.

a)	b)	c)	d)
8 + 3 = 11	14 − 6 = 9	5 + 6 = 11	12 − 4 = 8
6 + 7 = 13	16 − 8 = 8	3 + 8 = 13	15 − 6 = 9
4 + 7 = 12	13 − 7 = 7	9 + 6 = 15	17 − 9 = 8
7 + 5 = 12	11 − 5 = 6	7 + 8 = 16	14 − 7 = 8

4 Bilde Aufgaben. Schreibe sie ins Heft.

a)

	+	
13, 5, 6, 8, 7, 9		14, 9, 5, 6, 7, 11

b)

	−	
20, 11, 13, 12, 14, 15		8, 13, 6, 11, 7, 9

8 + 6 = 14
9 + 7 =

20 − 8 =
12 − 7 =

1

5 + 7 = 12

7 + 5 =

12 − 7

12 −

3 + 11 =

2

3 9, 17, 8 13, 15, 2 12, 20, 8 5, 12, 7

4

+	7	9	11	14	15
3					
6					
0					

−	4	9	10	6	0
12					
17					
19					

5

+		7
9	17	
		13
12		
	19	

−	3	
15		10
		1
	9	
24		

Knobelecke

Setze die Zahlen 2, 3, 4, 5 ein.

Gleiche Figuren bedeuten gleiche Zahlen.

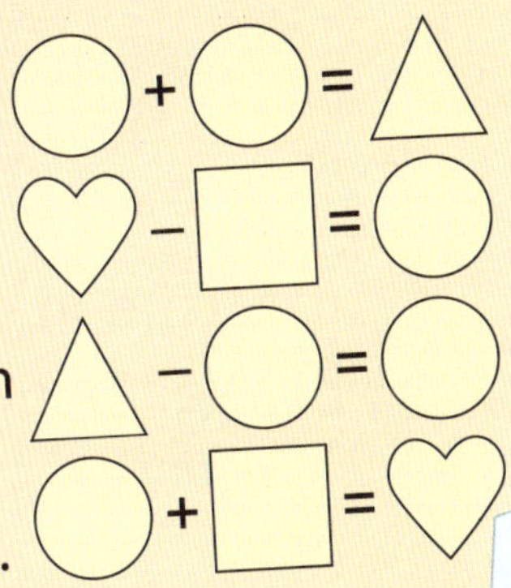

Viele Aufgaben bis 20

+	0	1	2	3	4	5
0	0+0=0	0+1=1	0+2=2	0+3=3	0+4=4	0+5=5
1	1+0=1	1+1=2	1+2=3	1+3=4	1+4=5	1+5=6
2	2+0=2	2+1=3	2+2=4	2+3=5	2+4=6	
3	3+0=3	3+1=4	3+2=5	3+3=6	3+4=7	
4	4+0=4	4+1=5	4+2=6	4+3=7		
5	5+0=5	5+1=6	5+2=7			
6	6+0=6	6+1=7				
7	7+0=7					
8	8+0=8					
9	9+0=9					
10	10+0=10					

1 Schau dir deine Tabelle genau an. Was fällt dir auf?

2

3 a) Suche in deiner Tabelle Aufgaben mit gleichem Ergebnis.
b) Wer findet die meisten Aufgaben mit dem Ergebnis 12?

Additionstabelle (leer und ausgefüllt) als Kopiervorlage in den Handreichungen. ①, ② Tabelle mit den Kindern analysieren. Wo stehen Aufgaben mit gleichem Ergebnis?; Summanden vergleichen (gegenseitiges Ändern) etc.

Nachbaraufgaben

1

7 + 1 =	7 + 2 =	7 + 3 =
8 + 1 =	8 + 2 =	8 + 3 =
9 + 1 =	9 + 2 =	9 + 3 =

+ =	3 + 6 =	+ =
+ =	4 + 6 =	+ =
+ =	5 + 6 =	+ =

+ =	+ =	+ =
7 + 6 =	7 + 7 =	7 + 8 =
+ =	+ =	+ =

2 Löse die Aufgabe und zwei Nachbaraufgaben.

4 + 4 = | 4 + 5 = | 4 + 6 =

7 + = | 7 + 6 = | 7

a) 4 + 5, 7 + 6, 5 + 8

b) 4 + 9, 5 + 6, 9 + 7

c) 11 + 3, 14 + 1, 13 + 6

3 Löse die Aufgabe und zwei Nachbaraufgaben.

8 + 7 =
9 + 7 =
10 +

+ 8
3 + 8 =

a) 9 + 7, 3 + 8, 2 + 5

b) 6 + 9, 2 + 8, 3 + 7

c) 15 + 2, 13 + 5, 12 + 8

4 Überlege, wie du am besten rechnen kannst.
Welche Nachbaraufgabe kann dir helfen?

a) 7 + 8, 6 + 5, 3 + 9, 9 + 7

b) 6 + 8, 14 + 5, 7 + 4, 7 + 9

c) 6 + 2, 11 + 5, 14 + 3, 17 + 2

5 Das sind auch Nachbarn.

5 + 5 =

a) 5 + 5, 4 + 3

b) 6 + 7, 7 + 4

c) 6 + 4, 8 + 9

6

6 + 4 =

a) 6 + 4, 7 + 7

b) 8 + 3, 5 + 8

c) 2 + 8, 4 + 8

Nachbaraufgaben

1

13−4=	13−5=	13−6=
14−4=	14−5=	14−6=
15−4=	15−5=	15−6=

− =	13−4=	− =
− =	14−4=	− =
− =	15−4=	− =

− =	− =	− =
12 − 2 =	12 − 3 =	12 − 4 =
− =	− =	− =

2 Löse die Aufgabe und zwei Nachbaraufgaben.

13 − 3 =	13 − 4 =	13 −
12 − =	12 − 7 =	12 −

a) 13−4
12−7
15−9

b) 11−8
14−6
17−8

c) 12−3
16−5
13−7

3 Löse die Aufgabe und zwei Nachbaraufgaben.

16 − 9 =	− 7
17 − 9 =	13 − 7 =
− 9 =	

a) 17−9
13−7
11−6

b) 14−5
12−6
13−8

c) 12−5
15−7
13−6

4 Überlege, wie du am besten rechnen kannst.
Welche Nachbaraufgabe kann dir helfen?

a) 18−7 16−7
14−3 13−4

b) 12−5 20−5
12−7 19−9

c) 13−9 15−7
14−9 11−5

5 Das sind auch Nachbarn.

	9 − 4 =	

a) 9−4
10−5

b) 12−7
18−6

c) 15−3
13−4

6

	10 − 6 =	

a) 10−6
14−9

b) 17−5
11−3

c) 16−2
15−8

1 Wörter-Rätsel:

Beginne immer bei Start.

P	E	R	F	B	I
A	S	L	T	C	B
Q	S	W	H	V	R
O	P	Start	L	F	T
E	N	M	K	W	U
F	E	L	R	N	J

Regel
- **o** nach oben
- **u** nach unten
- **r** nach rechts
- **l** nach links

1l 3o 2r 1u T
2u 1l 2o 1l ___
2u 1l 4o 1r ___
3r 1u 3l 1u ___

2o 1r 2u 1r ___
3o 2l 5u 1r ___
2u 2l 5o 5r ___
1l 2o 3r 4u ___

2r 2o 3l 2u ___
3r 1o 1u 2l ___
1o 2r 2u 1r ___
2l 1u 1r 2o ___

2

② Wer sieht die Kuh wie? Trage die Namen ein.

Falten und Schneiden

1

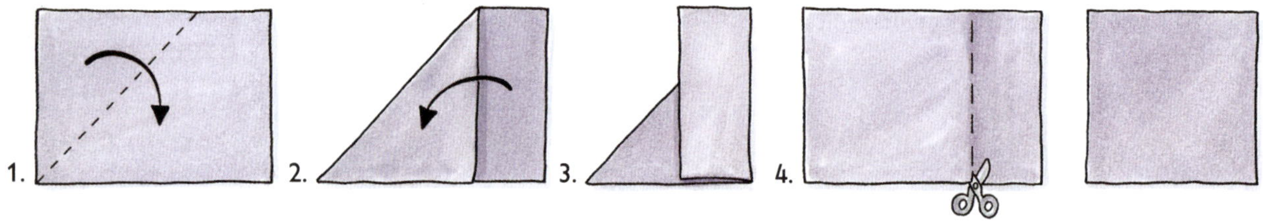

2 Falte. Faltlinien nachzeichnen und schneiden.

3

4

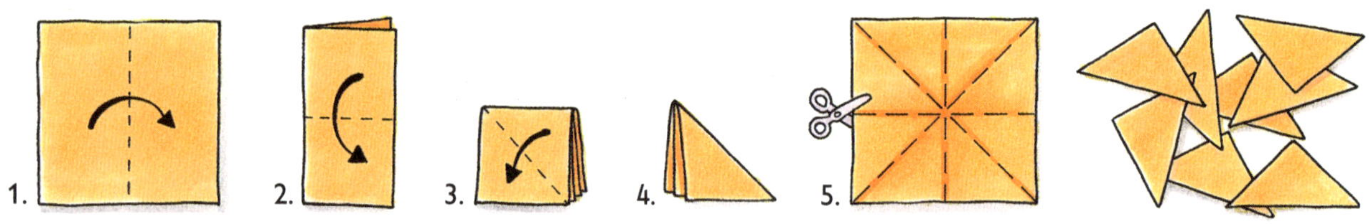

5 Eric, Pia und Ali haben mit ihren Formen Figuren gelegt. Lege nach.

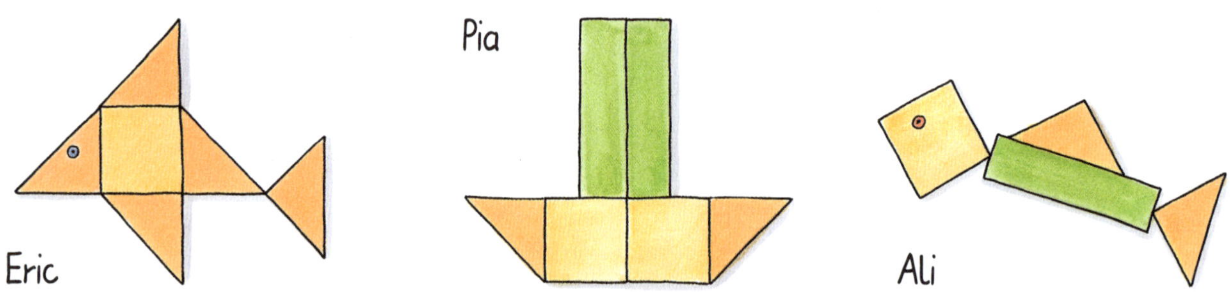

6 a) Legt mit euren Formen eigene Figuren.
b) Klebt die Figuren auf und macht eine Ausstellung.

7

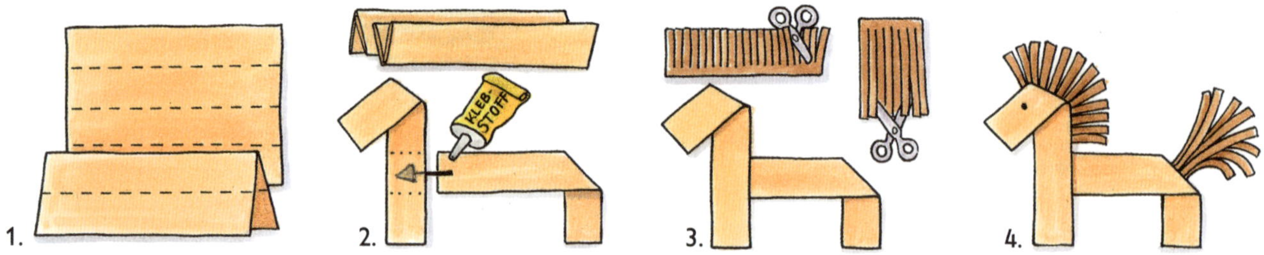

1

2 Was gehört zusammen? Verbinde.

3 Sterne schneiden.

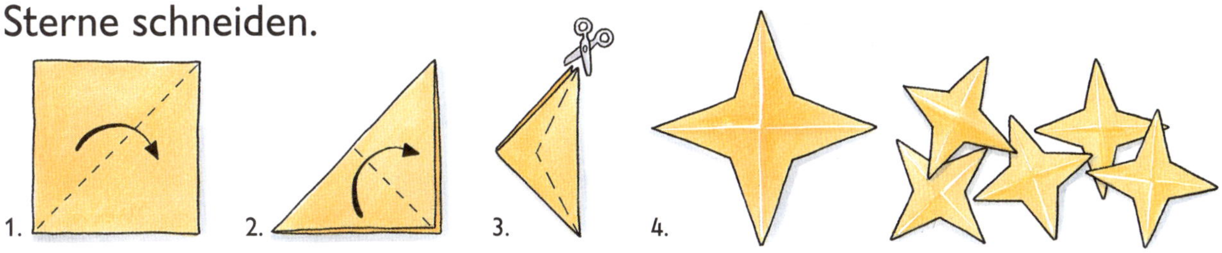

4

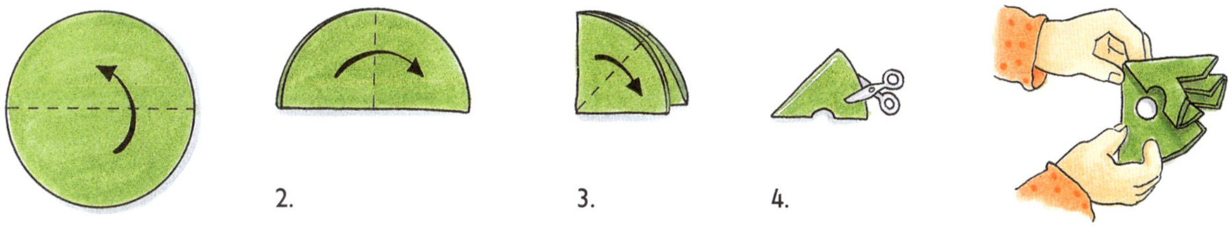

5

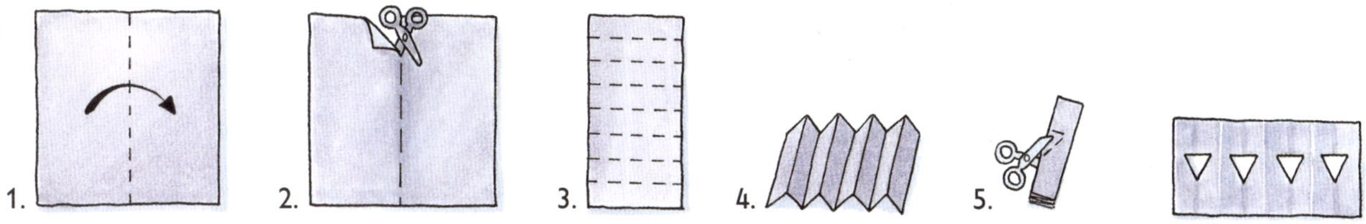

Erfinde selbst schöne Muster.

① Selbst Formen erzeugen lassen.

Mauern bauen

1

8	4	2

10	2	4

8	3	3

9	2	6

2

so …

4	3	6

… oder

6		

… oder

3		

… oder

… oder

… oder

3

10		
8		2

10		
	8	2

	17	
11		
8		

	17	
9		
	2	

4

5

12		
	9	2

	9	
8		2

	5	
4		

	19	
		5

② Alle Möglichkeiten finden. ④ Selbst Mauern bauen.

Größer als, kleiner als oder gleich

1 Wie viele Plättchen können dazugelegt werden? Lege.

11 + [1] < 15   11 + ☐ < 15
11 + ☐ < 15   11 + ☐ = 15

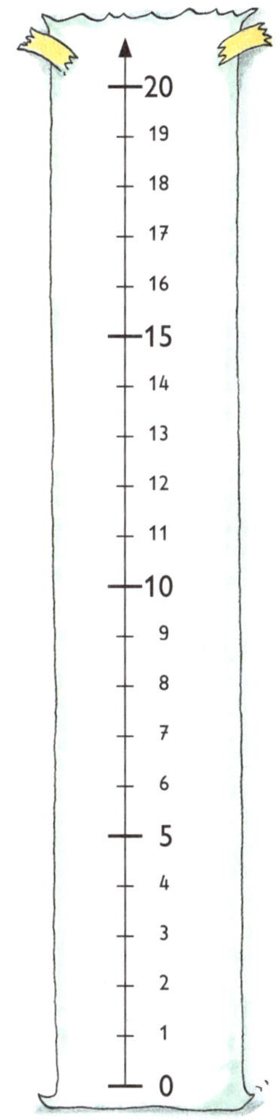

2

Welche Zahlen passen?

9 + ☐ < 17   9 + ☐ < 17
9 + ☐ < 17   9 + ☐ < 17
9 + ☐ < 17   9 + ☐ < 17
9 + ☐ < 17   9 + ☐ < 17

3 Welche Zahlen passen? Nutze den Zahlenstrahl.

a) 13 + ☐ < 18   b) 2 + ☐ < 11
13 + ☐ < 18   2 + ☐ < 11
13 + ☐ < 18   2 + ☐ < 11

2 3 9 5 4 7 0 8

4 Wie viele Plättchen können weggenommen werden? Lege selbst.

12 − [1] > 6   12 − ☐ > 6   12 − ☐ > 6
12 − ☐ > 6   12 − ☐ > 6   12 − ☐ = 6

5

Welche Zahlen passen?
Prüfe am Zahlenstrahl.

8 − ☐ > 2   8 − ☐ > 2
8 − ☐ > 2   8 − ☐ > 2
8 − ☐ > 2   8 − ☐ > 2

6 Finde alle Zahlen, die passen.

9 − ☐ < 9   9 − ☐ < 1   8 − ☐ > 9   7 − ☐ < 1   9 + ☐ < 8

Rechnen mit 3 Zahlen

1

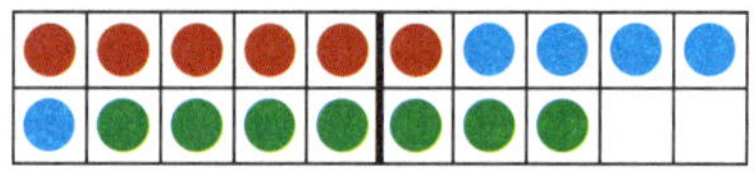

6 + 5 + 7 = ☐☐ 4 + 3 + 6 = ☐☐ 7 + 3 + 5 = ☐☐

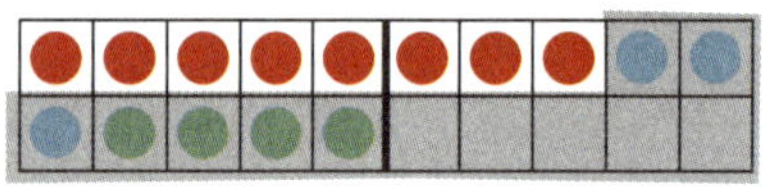

15 − 4 − 3 = ☐☐ 9 − 3 − 4 = ☐☐ 12 − 2 − 4 = ☐☐

2 Zeichne am Zahlenstrich und rechne.

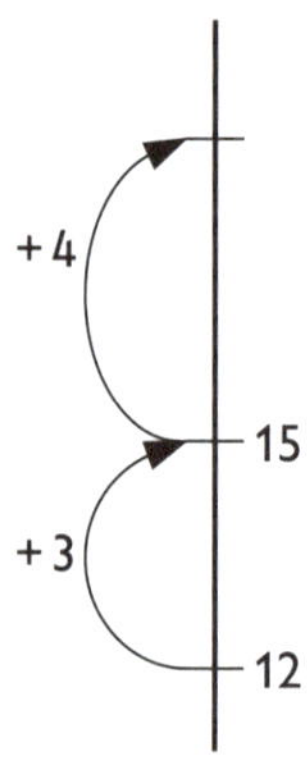

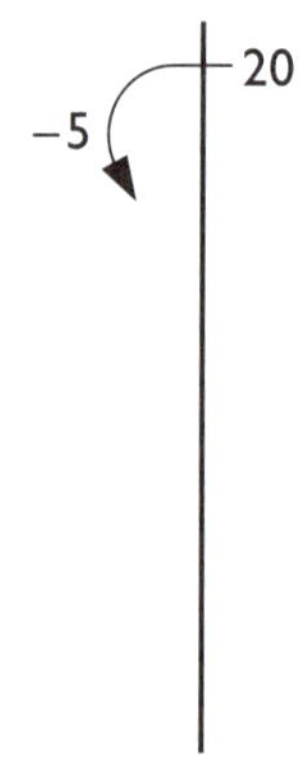

12 + 3 + 4 = ☐☐ 7 + 3 + 9 = ☐☐ 20 − 5 − 4 = ☐☐ 15 − 6 − 3 = ☐☐

3 Rechne geschickt.

a) 12 + 4 + 3 = ☐☐
15 + 1 + 4 = ☐☐
8 + 3 + 6 = ☐☐

b) 9 − 3 − 4 = ☐☐
12 − 2 − 6 = ☐☐
20 − 9 − 5 = ☐☐

c) 13 + 3 + 4 = ☐☐
14 − 7 − 5 = ☐☐
11 + 7 + 0 = ☐☐

2 2 4 6 17 17 18 19 20 20

4

20
10 + 5 + 5

12
10 + 10 − 8

◯

① Am Zwanzigerfeld malen und rechnen.

Mauern bauen

1

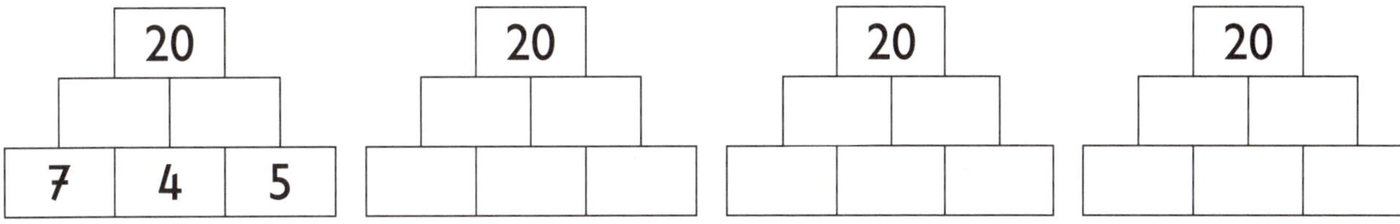

2 Wer hat oben die größte Zahl?

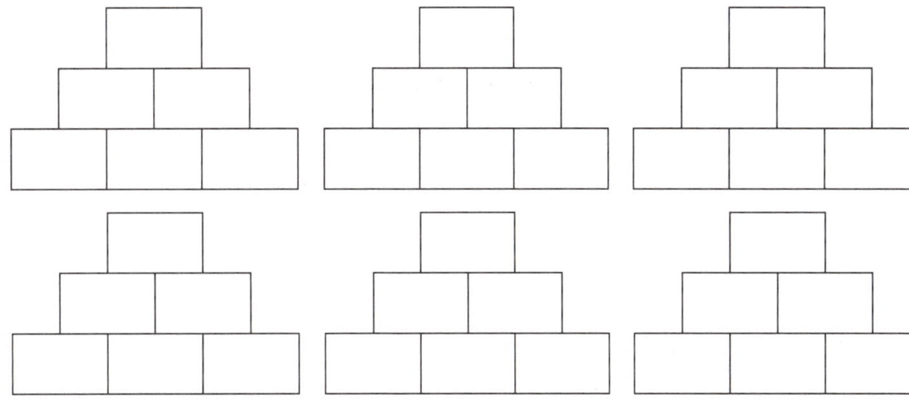

3

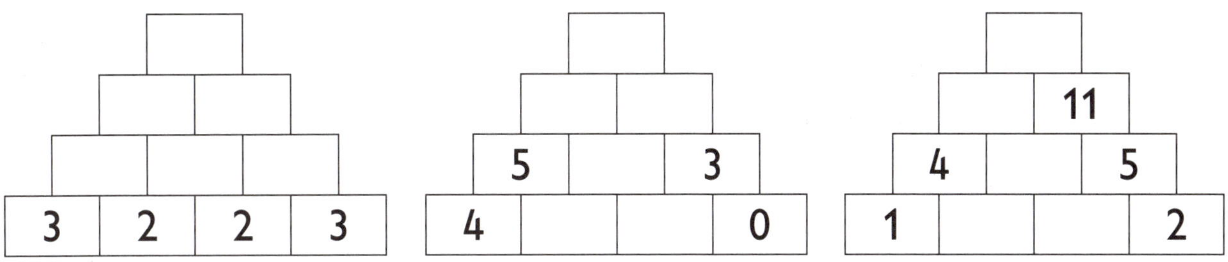

4

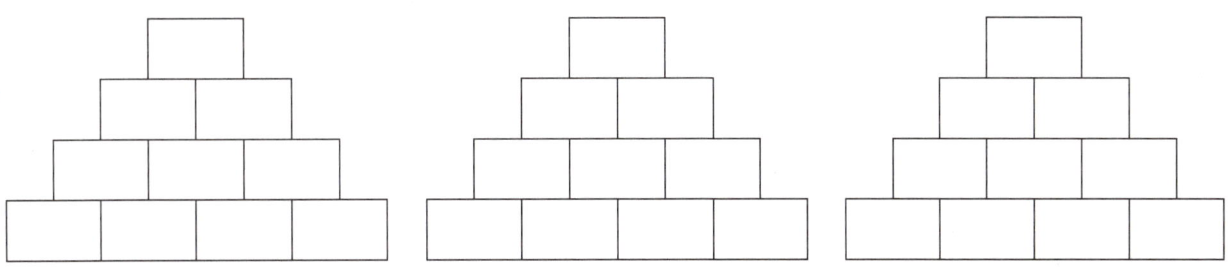

5 Bilde Mauern aus Zahlenkarten.

a) 6 3 7 4 13 2

b) 8 3 6 11 5 19

Knobelecke

Setze die richtigen Zahlen ein. Gleiche Figuren bedeuten gleiche Zahlen.

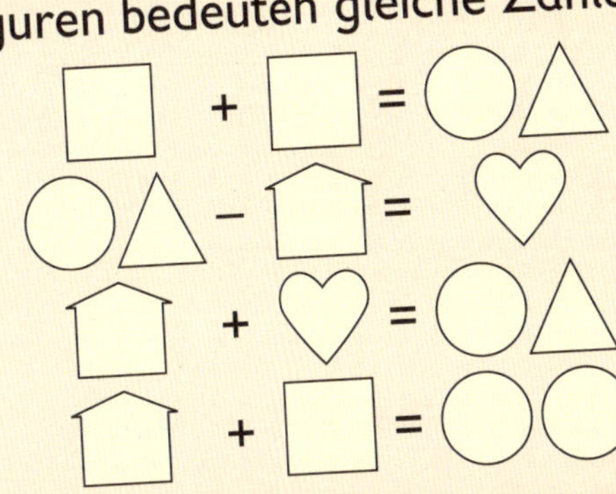

② Würfeln und Augenzahlen möglichst geschickt eintragen.
⑤ Material für Zahlenkarten zur Verfügung stellen, vgl. Handreichungen.

Tagesablauf

Kinder beschreiben ihren Tagesablauf. Auch Sprechweisen der Kinder wie „3 Uhr nachmittags“ berücksichtigen; Zeiten an Zeigeruhr einstellen. Fehlende Bilder malen oder Tätigkeit aufschreiben. Bildkarten als Kopiervorlagen in den Handreichungen.

Die Uhrzeit

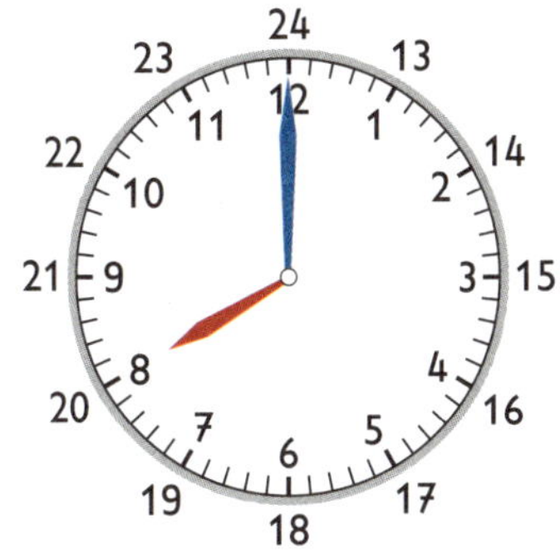

1 Stelle deine Spieluhr. Dein Nachbar liest die Uhrzeit ab.

2 Zeichne den Stundenzeiger rot ein.

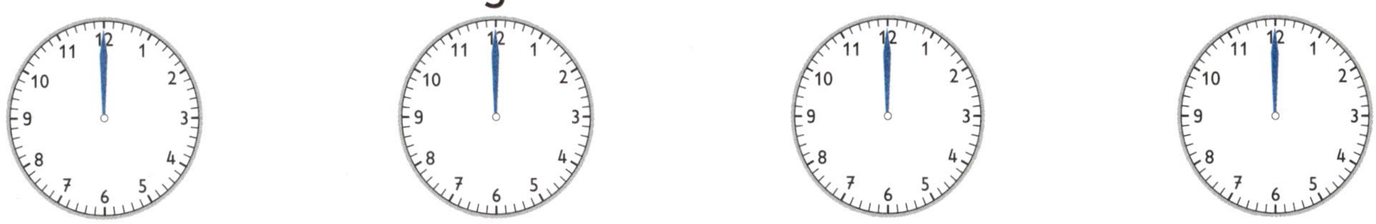

9 Uhr | 2 Uhr | 6 Uhr | 12 Uhr

3 Zeichne beide Zeiger ein.

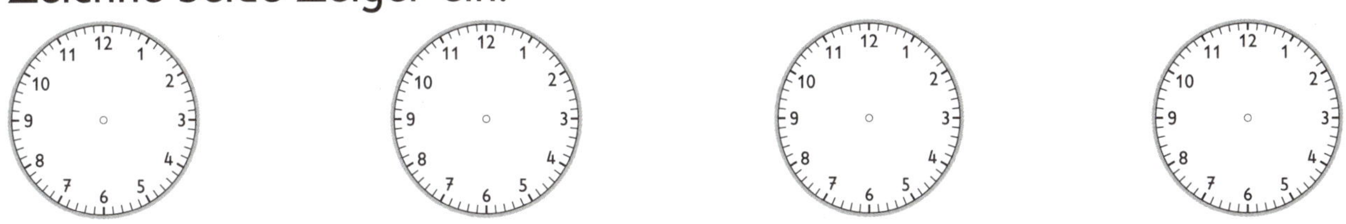

19 Uhr | 14 Uhr | 10 Uhr | 20 Uhr

4 Immer zwei Zeiten.

5 Uhr	1 Uhr	Uhr	Uhr	Uhr
17 Uhr	Uhr	Uhr	Uhr	Uhr

5

a) 3 Uhr	b) 7 Uhr	c) Uhr	d) Uhr	e) 12 Uhr
Uhr	Uhr	14 Uhr	16 Uhr	Uhr

6 Wie lange dauert es?

Schule von 8 Uhr bis 11 Uhr. Stunden.

Reiten von 15 Uhr bis 17 Uhr. Stunden.

Zugfahrt von 9 Uhr bis 13 Uhr. Stunden.

① Spieluhr basteln (Kopiervorlage in den Handreichungen); je nach Leistungsstand der Kinder wird eine bzw. zwei Zeiten abgelesen.

Geburtstag

1 In welcher Reihenfolge könnten die Gäste kommen?

1. Gast	2. Gast	3. Gast
Lea		

Es gibt ____ Möglichkeiten.

2 In welcher Reihenfolge kann gespielt werden?

3 Packe viele unterschiedliche Geschenke.

4 Jede Eistüte sieht anders aus. Finde viele Möglichkeiten.

③ Kopiervorlage in den Handreichungen. Empfehlung: Bearbeitung der Aufgaben auf mehrere Stunden verteilen.
④ Zwei Eistüten mehr als Lösungen.

Knobeln und Entdecken

1 Wer kann schnell zählen? Baue selbst.

☐☐ Würfel

☐☐ Würfel

☐☐ Würfel

2

3 + 4 + 2 = 9

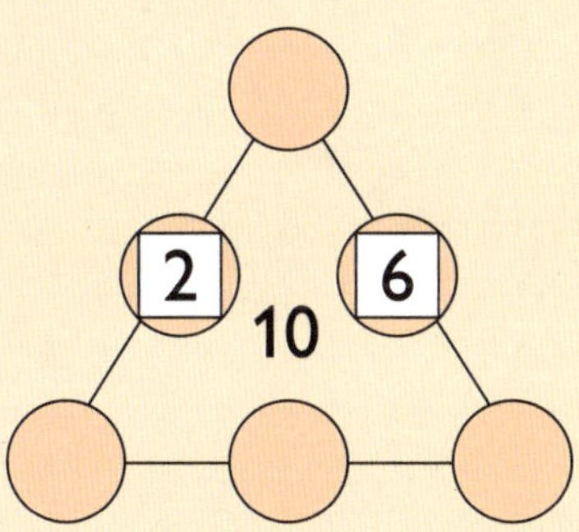

1 4 5 3

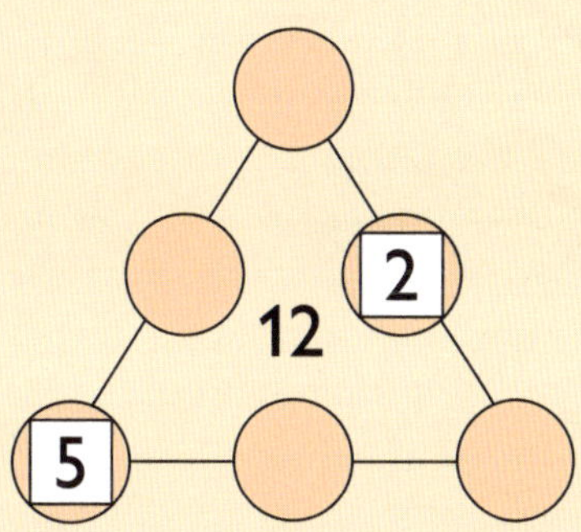

6 1 3 4

3 Immer gleich viel.

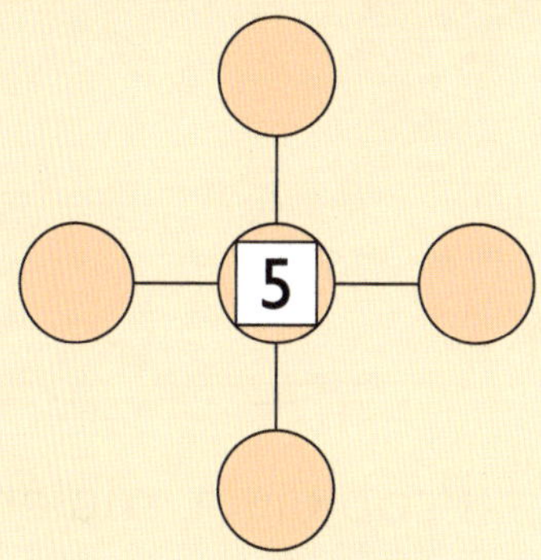

4 1 3 2

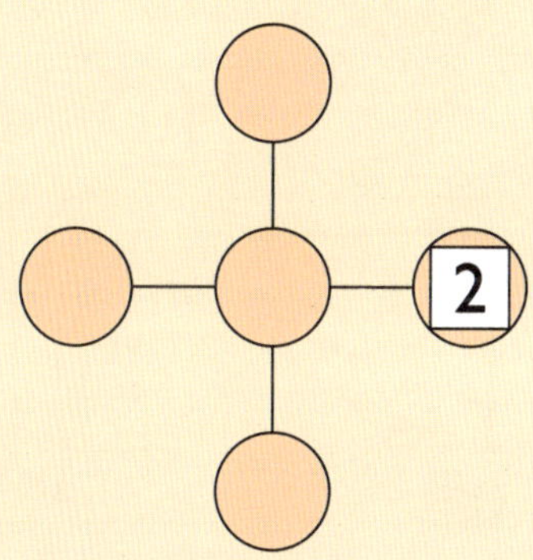

1 5 3 4

4 Immer 10.

10		1	2
		3	4
5	6	7	8
14	9	13	17

8 + 2
7 − 2 + 5
13 − 2 − 1

5 Immer 20.

20		2	3
		4	5
6	7	8	10
11	12	14	6

12 + 8
10 +

Sachaufgaben lösen lernen

Die Kinder wollen gleich hohe Türme bauen. Wie viele Würfel muss Franzi abgeben?

Lesen und überlegen

Probieren, malen oder rechnen

Kontrollieren und antworten

Franzi muss 2 Würfel abgeben.

1 Wie würdest du die Aufgabe lösen?

Sachaufgaben lösen

1

Selin hat 6 Sticker, Noah hat doppelt so viele.
Wie viele Sticker haben sie zusammen?
Löse die Aufgabe und kontrolliere.

2

Max gibt Sara 3 Murmeln. Nun hat er 12 Stück.
Wie viele Murmeln hatte er vorher?
Löse die Aufgabe und kontrolliere.

Am Strand

1

2

11	12	13	14
S	E	T	O

17 − 3 = ___ ___

19 − 8 = ___ ___

18 − 5 = ___ ___

14 − 3 = ___ ___

19 − 7 = ___ ___

16 − 4 = ___ ___

① Aufgaben finden und lösen.

3

③ Daten erfassen, Strichliste anfertigen, Zahlen zuordnen.

Wir haben viel gelernt …

1 Setze eine Zahl ein.

6 < ___ 3 < ___ 9 < ___ ___ > 8

4 < ___ 8 < ___ 3 < ___ ___ < 12

7 > ___ 1 > ___ 2 > ___ ___ > 3

2

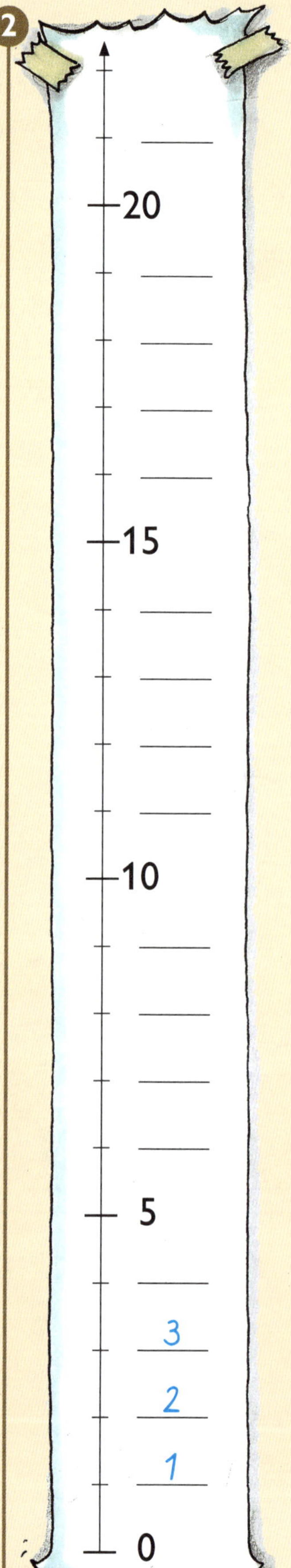

3

3 + 4 = ___

7 + 2 = ___

9 + 8 = ___

3 + ___ = 9

4 + ___ = 8

2 + ___ = 7

4

10 − 4 = ___

12 − 5 = ___

16 − 8 = ___

9 − ___ = 2

17 − ___ = 12

16 − ___ = 11

5

____

____

6

___ + 4 = 10 ___ − 4 = 5

___ + 8 = 17 ___ − 8 = 7

7 Aufgabenfamilien.

___________ ___________

___________ ___________

___________ ___________

___________ ___________

8

16 + 2 = ___

2 + 16 = ___

5 + 11 = ___

11 + 5 = ___

___ + 6 = 19

___ − 7 = 13

___ − 6 = 12

9

10 = 4 + ___ 20 = 14 + ___

10 = 3 + ___ 20 = 13 + ___

10 = ___ + 9 20 = ___ + 19

10 = ___ + ___ 20 = ___ + ___

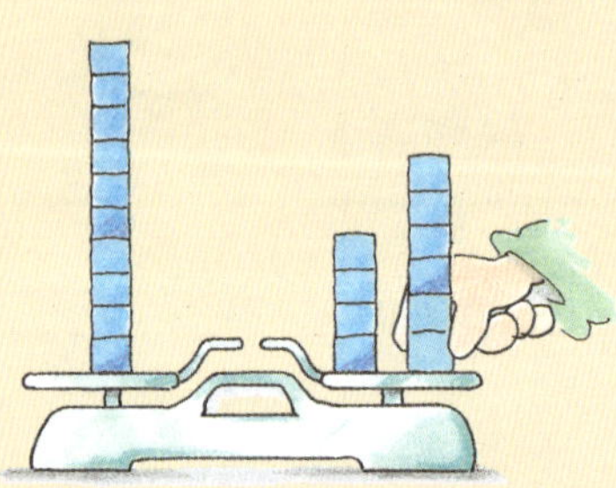

Kenntnisse der Kinder zu den bereits behandelten Themen werden erkundet. Ausführlicher Test in den Handreichungen.
Übungen zur Wiederholung S. 80 bis 82.

… kann ich alles?

1

3 + 5 = ☐ 6 + 4 = ☐ 7 − 2 = ☐ 8 − 3 = ☐

13 + 5 = ☐ 16 + 4 = ☐ 17 − 2 = ☐ 18 − 3 = ☐

3 + 15 = ☐ 6 + 14 = ☐

2

Zahl	3		7	
das Doppelte		10		12

Zahl	8			
die Hälfte		9	7	10

3

4

4 + 6 + 8 = ☐

9 + 5 + 5 = ☐

17 − 6 − 4 = ☐

14 − 5 − 6 = ☐

9 + 6 − 7 = ☐

5 Petra hat 20 €. Sie kauft ein Heft für 2 €, einen Ball für 5 € und Buntstifte für 4 €. Wie viel Geld hat Petra nach dem Einkauf?

6 Das kann ich auch schon.

Wiederholung

1 Kleiner als, größer als oder gleich? <, >, =

7 ◯ 17	0 ◯ 2	13 ◯ 12	10 ◯ 20
18 ◯ 9	12 ◯ 0	9 ◯ 7	20 ◯ 19
12 ◯ 13	20 ◯ 10	19 ◯ 14	4 ◯ 7

2 Die Zahlen bis 20. Welche Zahlen fehlen?

a) 20 2 11 13 19 4 10 17 9 18 12 7 1 8 5 14 3

0, ______________________

b) 16 1 7 13 4 8 12 0 19 14 18 3 15 20 5 6 10 2

____

3

+	5
3	
11	
12	
2	

−	3
9	
15	
18	
6	

−	7
14	
15	
8	
12	

+	4
6	
	12
9	
	15

−	4
6	
	12
9	
	15

4

a) 5 + 5 = 10
4 + __ = 10
9 + __ = 10
7 + __ = 10
6 + __ = 10
8 + __ = 10

b) 5 + __ = 7
4 + __ = 9
3 + __ = 8
7 + __ = 7
6 + __ = 9
1 + __ = 5

c) 6 + 5 = __
8 + 7 = __
9 + 6 = __
5 + 7 = __
6 + 8 = __
3 + 9 = __

d) 18 − 6 = __
14 − 8 = __
15 − 9 = __
13 − 6 = __
12 − 8 = __
11 − 5 = __

5 2 + 2 + 2 + 2 + 2 + 2 + 2 + 2 + 2 = ______________________

3 + 3 + 3 + 3 + 3 + 3 = ______________________

4 + 4 + 4 + 4 + 4 = ______________________

1

1 + 9 =	7 + 2 =	2 + 5 =
11 + 9 =	17 + 2 =	12 + 5 =
4 + 5 =	3 + 4 =	3 + 7 =
14 + 5 =	13 + 4 =	13 + 7 =

2

7 − 5 =	9 − 3 =	8 − 6 =	6 − 3 =
17 − 5 =	19 − 3 =	18 − 6 =	16 − 3 =
7 − 4 =	9 − 5 =	8 − 2 =	7 − 3 =
17 − 4 =	19 − 5 =	18 − 2 =	17 − 3 =

3

5 + 3 =	7 + 2 =	4 + 6 =	6 + 3 =
15 + 3 =	17 + 2 =	4 + 16 =	6 + 13 =
5 + 13 =	7 + 12 =	14 + 6 =	16 + 3 =

4 Finde selbst die einfache Aufgaben.

18 − 3 =	19 − 2 =	17 − 7 =	14 − 3 =
_ − _ =	_ − _ =	_ − _ =	_ − _ =
15 − 4 =	16 − 6 =	16 − 3 =	20 − 10 =
_ − _ =	_ − _ =	_ − _ =	_ − _ =

5

6 + 8 = 14

8 + 6 =

Wiederholungen

1 Verdopple.

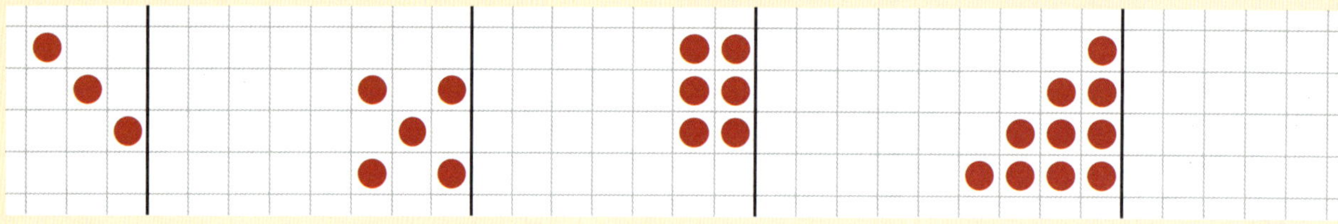

3 + ☐ = ☐☐ 5 + ☐ = ☐☐ ☐ + ☐ = ☐☐ ☐☐ + ☐☐ = ☐☐

2 Halbiere.

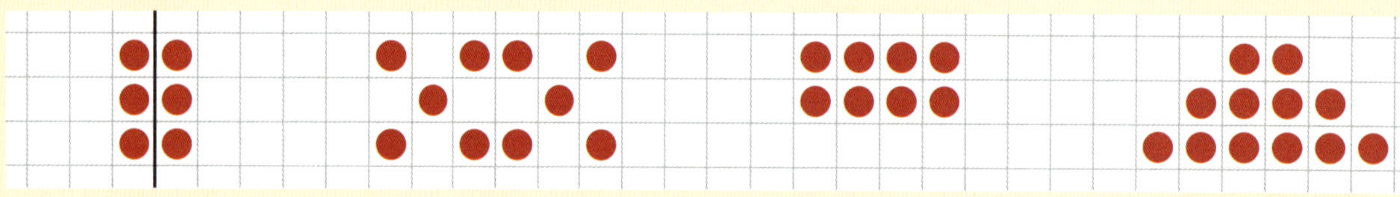

☐6 = 3 + 3 ☐☐ = ☐ + ☐ ☐☐ = ☐ + ☐ ☐☐ = ☐ + ☐

3

2 + 2 =	0 + 0 =	8 + 8 =	10 + 10 =
5 + 5 =	9 + 9 =	7 + 7 =	11 + 11 =

0 2 4 10 14 16 18 20 22

4

18 − 9 =	16 − 8 =	6 − 3 =	2 − 1 =
20 − 10 =	12 − 6 =	8 − 4 =	0 − 0 =

0 1 3 4 6 7 8 9 10

5

8 + 6 =	14 − 7 =	12 − 9 =	11 − 5 =
9 + 3 =	12 − 6 =	15 − 6 =	2 + 9 =
7 + 5 =	18 − 0 =	11 − 3 =	14 − 5 =

6 Hier stimmt etwas nicht.

20, 18, 16, 14, 12, 10, 9, 8, 6, 5, 4, 2

1, 3, 5, 7, 9, 10, 11, 13, 15, 16, 17

7

Zahlenmauer 1	Zahlenmauer 2	Zahlenmauer 3
☐	20	20
8 ☐	7 ☐	8 ☐
☐ 2 1	☐ 3 ☐	☐ ☐ ☐

⑥ Falsches streichen.

Die Zahlen bis 100

Zehnerbündelung

1 Verpacke immer 10 Stück. Schätze zuerst.

a)

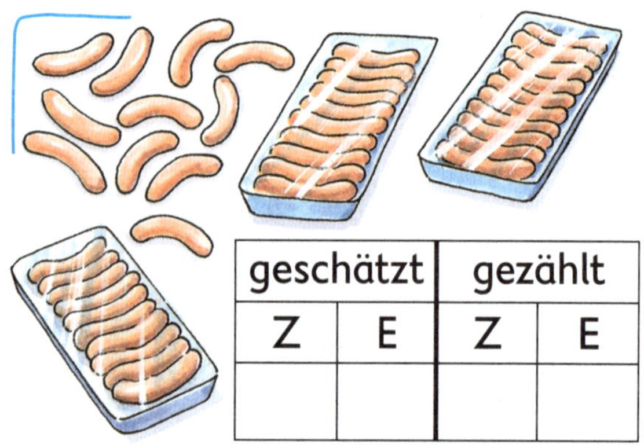

geschätzt		gezählt	
Z	E	Z	E

b)

geschätzt		gezählt	
Z	E	Z	E

2 a)

Z	E

b)

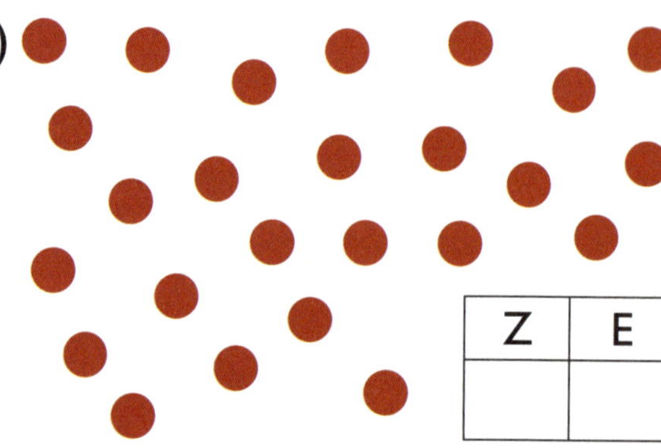

Z	E

3 a)

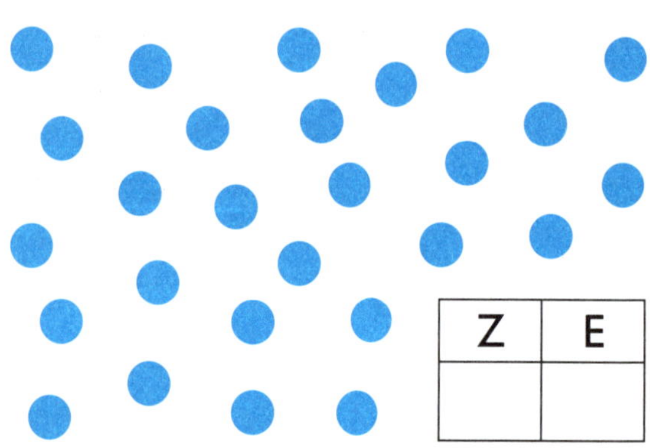

Z	E

b)

Z	E

Schätzen und verpacken.

Zahlen am Rechenrahmen

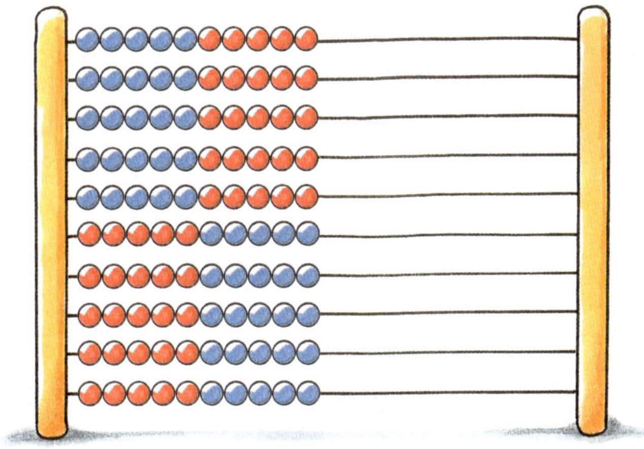

1 Wie viele sind es?

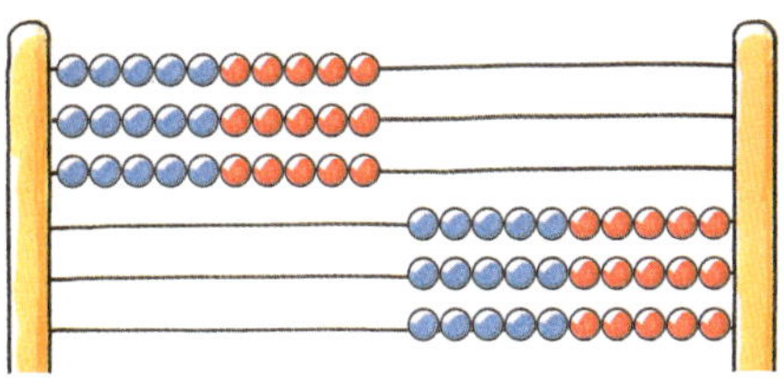

3 Z = 30

dreißig

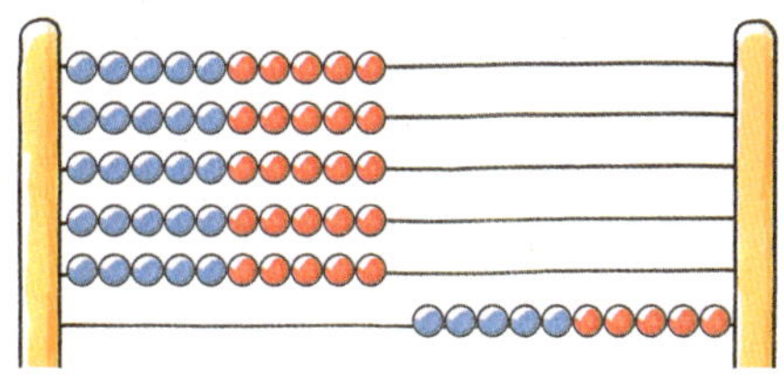

____

fünfzig

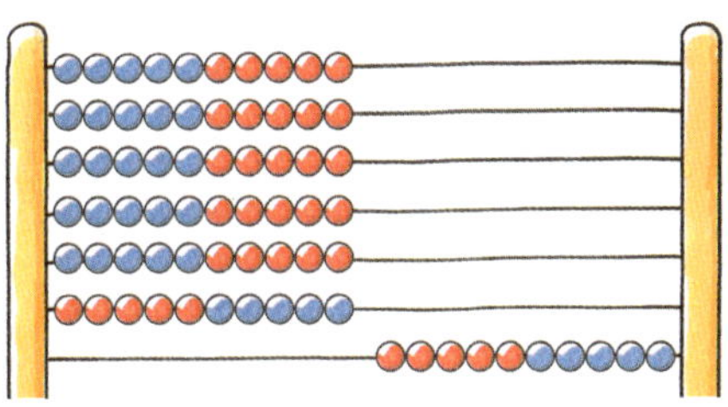

____

sechzig

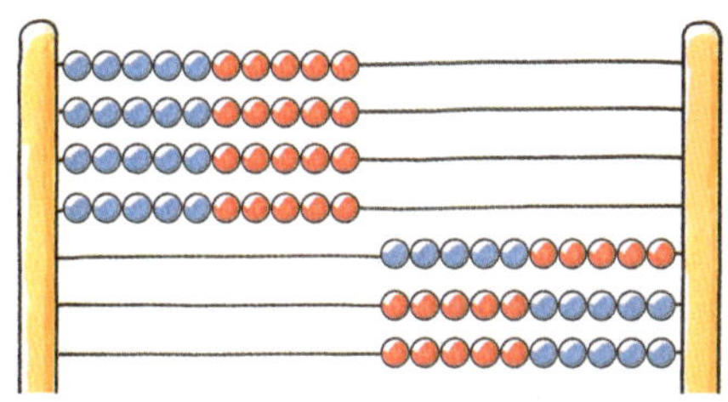

____

vierzig

2 Schreibe auch das Wort dazu.

6 Z = ☐☐ ________

8 Z = ☐☐ ________

9 Z = ☐☐ ________

10 Z = ☐☐☐ ________

3

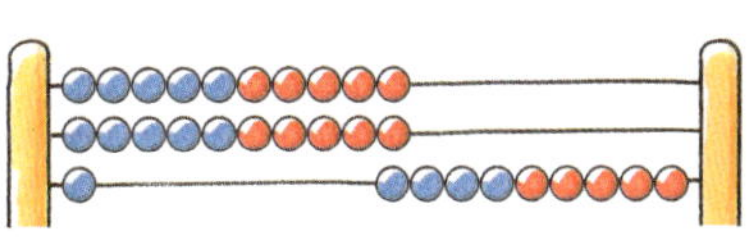

2 1

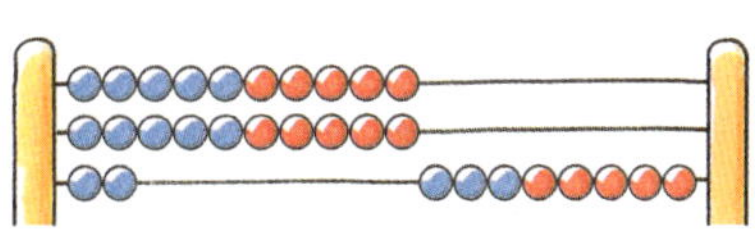

☐☐

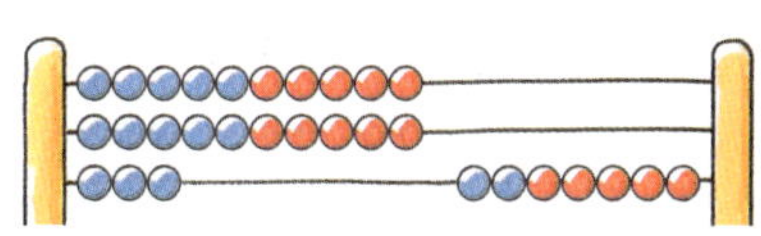

☐☐

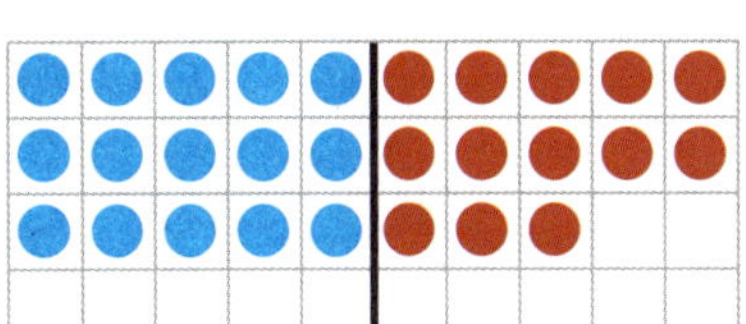

☐☐

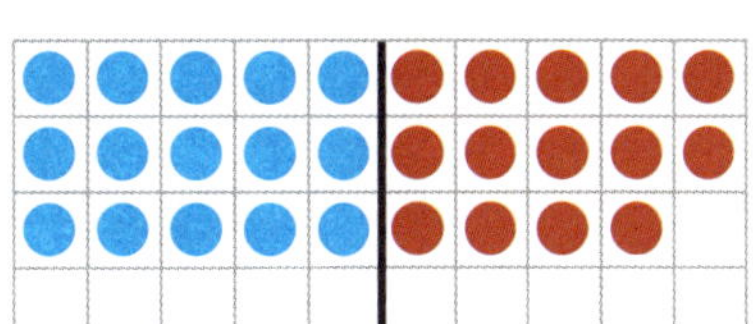

☐☐

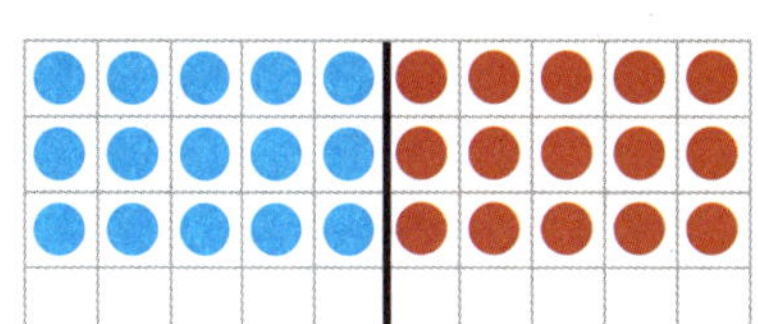

☐☐

Zahlen sortieren

1 Trage die Zehner in den Zahlenweg ein.

2

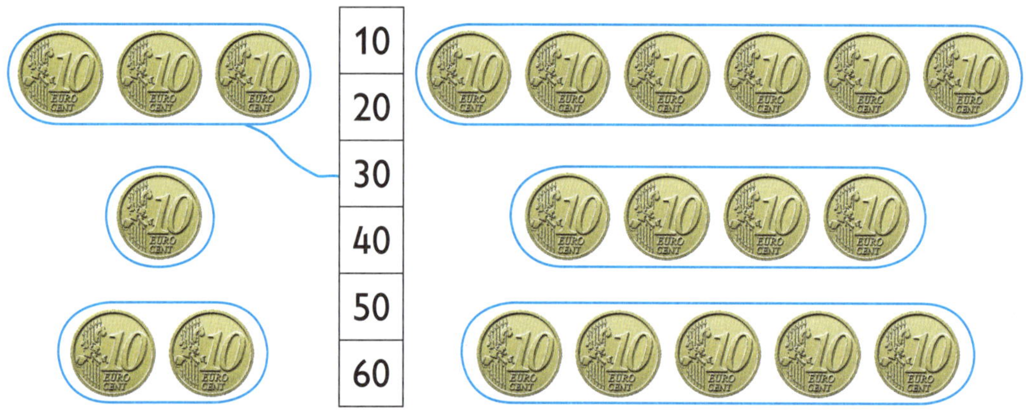

3 Trage die Zehner in der richtigen Reihenfolge ein.

a)	10	20								100
b)	100									10

4 Vergleiche. Denke an die einfache Aufgabe.

a)		b)		c)	
10	20	40	30	40	60
30	40	70	80	40	0
20	50	50	50	20	100

5 Ordne der Größe nach.

37, ~~30~~, 32, 31, 34, 35, ~~29~~, 38, 36, 39, 41, 33, 40

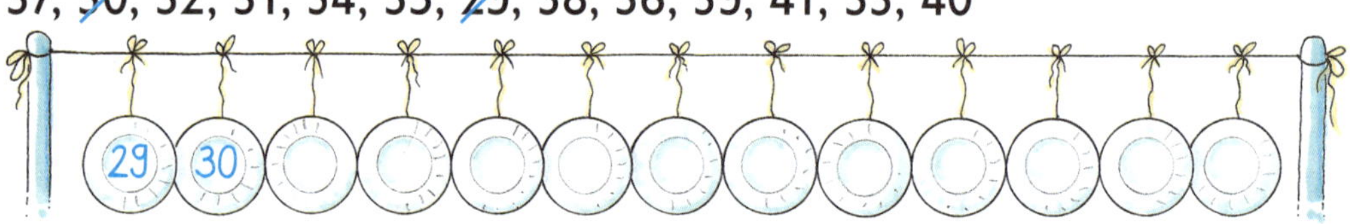

6

a)		b)		c)		d)	
28	30	31	40	70	69	99	100
20	23	50	52	80	82	91	89
22	30	60	65	78	78	84	48

Zauberquadrate

1

4	3	8
9	5	1
2	7	6

Zauberzahl ___

4 + 9 + 2 3 + 5 + 7 8 + 1 + 6

4 + 3 + 8

9 + 5 + 1

2 + 7 + 6

4 + 5 + 6

8 + 5 + 2

2 Setze die fehlenden Zahlen ein.

a)

5	11	2
		9

Zauberzahl ___

b)

		5
	6	
7	1	

Zauberzahl ___

c)

	4	
	6	
	8	

Zauberzahl ___

3 Sind das auch Zauberquadrate?

a)

2	9	4
7	5	3
6	1	8

ja / nein

Zauberzahl ___

b)

1	6	5
8	4	0
3	2	7

ja / nein

Zauberzahl ___

c)

5	3	2
6	1	8
7	4	9

ja / nein

Zauberzahl ___

① Mit Ziffernkärtchen waagerecht, senkrecht und diagonal Plusaufgaben bilden; Zauberzahl berechnen.

Knobeln und Entdecken

1 Finde viele Aufgaben.

5	7	5	8	13
6	12	8	16	3
11	1	14	6	10
7	6	8	20	10
18	9	9	17	7

5 + 7 = 12   18 − 9 = 9

2

	3	4	
4			
3		2	1
	1		

3		2	
	4		
1			3
		1	

3 Wie viele Arme haben die Kinder in deiner Klasse? Wie viele Ohren, Nasen, Augen?

4

Pia hat 13 Murmeln. Max hat 5. Wie viele muss Pia abgeben, damit beide gleich viele haben?

5 Pia hat 13 Murmeln, Jens hat 5. Wie viele Murmeln hat Jens weniger?

6

Pia ist 7 Jahre alt. Sie hat 6 Puppen und 3 Teddys. Wie viele Puppen hat Pia, wenn sie 14 Jahre alt ist?

7 Wie viele Beine haben vier Hunde? Wie viele Ohren? Wie viele Flügel?